U0216422

第3版

高级语言程序设计学习指导

主　编：邓　莹　刘　嵩　林　晶

厦门大学出版社
XIAMEN UNIVERSITY PRESS
国家一级出版社
全国百佳图书出版单位

图书在版编目（CIP）数据

高级语言程序设计学习指导 / 邓莹，刘嵩，林晶主编. -- 3 版. -- 厦门 ：厦门大学出版社，2023.8（2025.1 重印）
ISBN 978-7-5615-9033-1

Ⅰ. ①高… Ⅱ. ①邓… ②刘… ③林… Ⅲ. ①高级语言-程序设计-高等学校-教学参考资料 Ⅳ. ①TP312.8

中国版本图书馆CIP数据核字(2023)第119548号

责任编辑 郑 丹
美术编辑 蒋卓群
技术编辑 许克华

出版发行 厦门大学出版社
社 址 厦门市软件园二期望海路 39 号
邮政编码 361008
总 机 0592-2181111 0592-2181406(传真)
营销中心 0592-2184458 0592-2181365
网 址 http://www.xmupress.com
邮 箱 xmup@xmupress.com
印 刷 厦门集大印刷有限公司

开本 787 mm×1 092 mm 1/16
印张 11.25
字数 275 千字
版次 2017 年 1 月第 1 版 2023 年 8 月第 3 版
印次 2025 年 1 月第 2 次印刷
定价 36.00 元

本书如有印装质量问题请直接寄承印厂调换

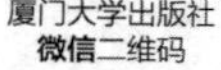
厦门大学出版社
微信二维码

厦门大学出版社
微博二维码

前 言

党的二十大报告指出："我们要坚持教育优先发展、科技自立自强、人才引领驱动，加快建设教育强国、科技强国、人才强国，坚持为党育人、为国育才，全面提高人才自主培养质量，着力造就拔尖创新人才，聚天下英才而用之。"这为教材编写指明了方向。前人总结的计算机编程学习的深刻体会："会者不难，难者不会"，可谓精辟至极。为了帮助学生学好C语言，真正掌握好程序设计的方法和技巧，从觉得难的"不会者"跨越到觉得不难的"会者"，我们编写组的老师总结历年的教学经验，特意编写了这本《高级语言程序设计学习指导》，希望对学习C语言的初学者有所帮助。

本书分为四个部分：

第一部分为习题答案与解析，是对《高级语言程序设计》中所有习题的解答，共有9章。与《高级语言程序设计》一书的章节习题完全对应，并对部分疑难问题给出了一些分析讲解，方便读者通过解答掌握其中的方法和技巧，培养学生良好的编程习惯，最终升华为解决实际问题的能力。

第二部分为实验指导与练习，我们为每一章设计了上机实验。针对每个实验，都明确说明了实验的目的和内容，其中的实验目的部分对本章任务应该达到的目标进行了说明，实验内容则是紧扣实验目的给出的上机练习。每章附有巩固和提高练习，该部分的题目基本覆盖了对应章节的知识点，包括重点、疑点和难点，力争通过有效的练习更好地巩固知识，提高学习效率。

第三部分为模拟试卷，编者们凭借多年的教学经验，在总结历届计算机等级考试试题的基础上，通过提炼、设计，形成了3套模拟试题。读者若能认真练习，对通过课程的期末考试或计算机等级考试大有裨益。

第四部分为课程设计。考虑到计算机相关专业的学生，通常在课程结束前都要完成相应的课程设计，为了帮助读者找到解决问题的思路，提供可参考的解决过程，实现举一反三的效果，本书的编者们特地选择了一个具有代表意义的实际项目需求，并给出了详细的分析和实现源代码。

本书第一部分和第二部分各9章内容由6位老师分工编写：第1章由刘嵩编写，第2、8章由林燕芬编写，第3、4章由郑银环编写，第5章由林晶编写，第6章由吴柳熙编写，第7、9章由邓莹编写。第三部分由吴凡、林燕芬、邓莹、陈黎霜共同编写，第四部分由郑银环编写，最后由邓莹负责统稿。

由于时间紧迫，加之编者水平有限，书中难免出现不足与谬误之处，恳请广大读者批评指正，并请广大读者提出宝贵意见，在此表示衷心感谢。

编者

2023 年 7 月

目 录

第一部分　习题答案与解析

第1章　程序语言概述

1. 编写一个C语言程序，输出以下信息：

****

This is a C program

****

【解析】该程序只是考察了打印功能，在每打印一行结束后要注意输出一个换行符'\n'。

【程序实现】

```
#include <stdio.h>
int main(void)
{
  printf("**************************\n");
  printf("This is a C program\n");
  printf("**************************\n");
  return 0;
}
```

2. 编写一个C语言程序，给a、b两个整数输入值，要求输出两个整数之差。

【解析】该程序只要注意输入输出的正确性即可。这里以整数为例。

【程序实现】

```
#include <stdio.h>
int main(void)
{
  int a,b;
  printf("Input a and b:\n");   /* 友好提示，可以在程序运行后知道每次输入的是什
                                  么参数 */
```

```
    scanf("%d%d",&a,&b);
    printf("The difference of a and b is %d",a-b);
    return 0;
}
```

3. 编写一个C语言程序,输入矩形长和宽的值,要求输出面积和周长。

【解析】与上题类似,只要注意输入输出的正确性即可。这里以整数为例。

【程序实现】

```
#include <stdio.h>
int main(void)
{
    int length,width;
    printf("Input the length and width:\n");
    scanf("%d%d",&length,&width);
    printf("The circumference is %d\n The area is %d",2 * (length+width),length *
        width);
    return 0;
}
```

第2章　基本程序设计语句

1. 输入两个整数x,y,输出两者的和、差、商和商的余数。

【解析】首先考虑变量的定义,x,y为int类型的,表示输入的数据,输出结果和、差,商的计算用运算符"/",商的余数可以使用运算符"%",取该运算符用于整数和字符型数据,进行取余的运算,结果都是整数,用变量名a,b,c,d,所以类型都为int,其次考虑需要用到输入和输出函数。

【程序实现】

```
#include<stdio.h>
int main()
{
    int x,y,a,b,c,d;
    scanf("%d%d",&x,&y);
    a=x+y;
    b=x-y;
    c=x/y;
    d=x%y;
    printf("he is %d,cha is %d,shang is %d,yushu is %d",a,b,c,d);
```

```
    return 0;
}
```

2. 编写程序实现，从键盘输入 3 个字符，输出这 3 个字符 ASCII 码的平均值。

【解析】首先考虑需要定义的变量的个数和类型，3 个输入数据都为字符 char 类型，输出数据为平均值，应为 float 或者 double 类型，需要注意的是，字符类型本身可以当作 ASCII 码值进行计算，ASCII 码值都为整数，按照除法运算符“/”，如果除数和被除数都是整数，结果是取整运算，那么答案就不精确了，应该把 3 设为 3.0，或者把 ASCII 码值的和强制类型转换为 float 或 double 类型。

【程序实现】

```
#include<stdio.h>
int main()
{
    char a,b,c;
    float avg;
    scanf("%c%c%c",&a,&b,&c);
    avg=(a+b+c)/3.0;/* 或者 avg=(float)(a+b+c)/3; */
    printf("%f\n",avg);
    return 0;
}
```

3. 实现从键盘输入一个 3 位整数，分别输出这个整数的个位、十位和百位。

【解析】首先考虑需要定义的变量的个数和类型，输入数据为整数 int 类型，输出数据的个位、十位和百位也为整数，因此定义 4 个变量均为 int 类型，个位数可以用取余运算符“%”，百位数可以用取整的运算符“/”，难点在于十位数，考虑到个位数的取法较为简单，当把个位数取出之后，如果能把个位数去掉，把原来的十位数移动到个位，那么问题就迎刃而解了，而去掉个位的方法，即把原来数据除以 10 即可。

【程序实现】

```
#include<stdio.h>
int main()
{
    int a,b,c,x;
    scanf("%d",&x);
    c=x%10;
    a=x/100;
    b=x/10%10;   /* 或者(x-a * 100-c)/10 */
    printf("%d--->%d,%d,%d\n",x,a,b,c);
    return 0;
}
```

4. 编写程序实现，从键盘输入弧度 x，计算 $\text{fun}(x)=(\cos 3x)^2+\tan 5x-\sin 2x$，并将结

果输出。

【解析】首先考虑需要定义的变量的个数和类型，输入数据 x 为浮点类型，即 float 或者 double 型，输出结果 y 也是浮点类型，注意跟数学上区别开来，一定不能定义输出变量名为 fun(x)，该表示方法在 C 语言中为函数的调用；其次数学函数的使用，在 C 语言中规定所有的函数参数都放在函数名后面的括号中，即 sinx 需写成 sin(x)，3x 必须写成 3 * x；最后注意本题用到了 C 语言的系统数学函数，因此在文件包含中必须把数学库函数包含进行，否则程序无法输出正确结果。注意 C 语言中正切函数统一用 tan，即数学中的 tanx，tanx 在 C 语言编程中统写为 tan(x)。

【程序实现】

```
#include<stdio.h>
#include<math.h>
int main()
{
   double x,funx;
   scanf("%lf",&x);
   funx=(cos(3 * x)) * (cos(3 * x))+tan(5 * x)-sin(2 * x);
   printf("%lf\n",funx);
   return 0;
}
```

5. 如果输入一个 3 位整数，要求输出这个整数的逆序数，如输入 123，输出 321。

【解析】该题目是在求个位、百位、十位的基础上的进一步提高，要求逆序数，首先得把每个位上的数据求出来。

【程序实现】

```
#include<stdio.h>
int main()
{
   int a,b,c,x,y;
   scanf("%d",&x);
   c=x%10;
   a=x/100;
   b=(x-a * 100-c)/10;
   y=a+b * 10+c * 100;
   printf("%d-->%d\n",x,y);
   return 0;
}
```

6. 附加题：实现从键盘输入一个字符，对这个字符进行加密输出，加密方法：把字符对应 ASCII 码二进制值的最低三位二进制数取反，如 A 加密为 F。

【程序实现】

```
#include<stdio.h>
```

```
int main()
{
  char a,b;
  scanf("%c",&a);
  b=a^7;                /* 其中^为异或运算符 */
  printf("%c--->%c",a,b);
  return 0;
}
```

第3章　选择结构程序设计

1. 输入一个字符,判断它是否为大写字母,如果是,将其转换为小写字母,否则原样输出。

【程序实现】

```
#include <stdio.h>
int main()
{
  char n;
  scanf("%c",&n);
  if(n>='A'&&n<='Z') n+=32;
  printf("\n%c",n);
  return 0;
}
```

2. 编写程序:在屏幕上显示一张如下的活动选择表:

```
**********活动选项**********
1. 爬山
2. 露营
3. 唱歌
4. 参观图书馆
```

操作人员根据提示进行选择,程序根据输入的x序号显示相应的活动选项,选择1时显示爬山,选择2时显示露营,选择3时显示唱歌,选择4时显示参观图书馆,选择其他选项时提示输入错误。

【程序实现】

```
#include <stdio.h>
int main()
{
  int choice;
```

```
    printf("\n********** 活动选项 **********\n");
    printf("1. 爬山\n");
    printf("2. 露营\n");
    printf("3. 唱歌\n");
    printf("4. 参观图书馆\n");
    printf("\n\n 请输入您选择的活动选项前对应的数字:");
    scanf("%d",&choice);
    switch(choice)
    {
      case 1:printf("爬山\n");break;
      case 2:printf("露营\n");break;
      case 3:printf("唱歌\n");break;
      case 4:printf("参观图书馆\n");break;
      default:printf("错误的选择\n");
    }
    return 0;
}
```

3. 输入一个数,判断它能否被 3 和 5 整除。

【程序实现】

```
#include <stdio.h>
int main()
{
    int num;
    printf("请输入一个整数\n");
    scanf("%d",&num);
    if(num%3==0&&num%5==0)
      printf("%d 能被 3 和 5 整除。",num);
    return 0;
}
```

4. 根据表 1-1 所示的个人所得税计算方法计算员工应缴个人所得税。

表 1-1　个人所得税计算法

月收入	税率
3500 以下(包含 3500)	0
3500~4000	0.38%
4000~4500	0.67%
4500~5000	0.90%
5000~6000	2.42%
6000~8000	4.31%
8000~10000	7.45%

【程序实现】

```
#include <stdio.h>
int main()
{
    float x,y;
    printf("\n 请输入工资 x:");
    scanf("%f",&x);
    if(x<=3500)
        y=0;
    else if(x <=4000)
        y=(x-3500) * 0.0038;
    else if(x <=4500)
        y=(x-3500) * 0.0038+(x-4000) * 0.0067;
    else if(x<=5000)
        y=(x-3500) * 0.0038+(x-4000) * 0.0067+(x-4500) * 0.009;
    else if(x <=6000)
        y=(x-3500) * 0.0038+(x-4000) * 0.0067+(x-4500) * 0.009+(x-5000)
            * 0.0242;
    else if(x <=8000)
        y=(x-3500) * 0.0038+(x-4000) * 0.0067+(x-4500) * 0.009+(x-5000) *
            0.0242+(x-6000) * 0.0431;
    else if(x <=10000)
        y=(x-3500) * 0.0038+(x-4000) * 0.0067+(x-4500) * 0.009+(x-5000) *
            0.0242+(x-6000) * 0.0431+(x-8000) * 0.0745;
    printf("\n 您的工资是:%.2f,应缴纳个人所得税:%.2f\n", x, y);
    return 0;
}
```

第 4 章　循环结构程序设计

1. 求两个正整数的最大公约数和最小公倍数。

【程序实现】

```
#include<stdio.h>
#include<math.h>
int main()
{
```

```
    int a,b,x,y,temp;
    printf("Input a,b:");
    scanf("%d%d",&a,&b);
    x=a=(int)fabs(a);
    y=b=(int)fabs(b);         /* 确保下面运算时 a 和 b 大于 0 */
    if(a<b)
      {temp=a;a=b; b=temp;}       /* 确保循环时 a>b */
    while(b!=0)
    {
      temp=a%b;
      a=b;
      b=temp;
    }
   printf("最大公约数是%5d\n",a);
   printf("最小公倍数是%5d\n",x * y/a);
   return 0;
}
```

2. 编程计算 1+3+5+7+9+…+101 的值。

【解析】本题主要考察循环的应用,重点在于循环规律和边界的控制,本题中的规律是都是连续的基数,边界是 1 和 101。

【程序实现】

```
#include <stdio.h>
int main()
{
   int i,sum=0;
   for(i=1;i<=101;i++,i++)
     sum+=i;
   printf("\n1+3+5+7+9+…+101=%d\n",sum);
   return 0;
}
```

3. 将 1~200 之间整数中能同时被 3 和 5 整除的数打印出来,并统计其个数

【解析】本题也是循环的应用,主要是循环的边界是 1~200,规律每次加 1,目标的条件是除以 3 和除以 5 都能整除,即余数为 0。

【程序实现】

```
#include <stdio.h>
int main()
{
   int i=1,counter=0;
```

```
    for(i=1;i<=200;i++)
    {
      if((i%3==0)&&(i%5==0))
      {
        counter++;
        printf("%5d",i);
      }
    }
    printf("\n在1~200之间既能被3又能被5整除的数个数有%d个n",counter);
    return 0;
}
```

4. 输入一串字符，分别统计其中英文字母、空格、数字和其他字符的个数。

【解析】本题难点在于循环的控制条件比较隐晦，输入一串字符，长度未定，可以理解为输入字符直到输入回车时终止。其次是目标条件中如何判断是英文字母、空格和数字或其他字符，这里主要运用ASCII表，英文字母肯定是a~z或A~Z之间的字母，数字肯定是字符0~9，空格也有相应的ASCII码值。

【程序实现】

```
#include <stdio.h>
int main()
{
   char c;
   int letters=0,space=0,digit=0,others=0;
   printf("请输入一行字符:");
   while((c=getchar())!='\n')
   {
     if(c>='a' && c<='z' ||c>='A' && c<='Z')
        letters++;
     else if(c==' ')
        space++;
     else if(c >='0' && c <='9')
        digit++;
     else
        others++;
   }
   printf("字母数:%d\n空格数:%d\n数字数:%d\n其他字符:%d\n ",letters,
          space,digit,others);
   return 0;
}
```

5. 在屏幕上打印输出如下图案。

```
    *
   ***
  *****
 *******
*********
 *******
  *****
   ***
    *
```

【解析】本题主要应用循环思路，重点在于发现图形中的规律，上图可以分为上下两个等腰三角形，上半部分的 * 号递增，下半部分的 * 号递减，然后再结合二维矩阵发现输出 * 时行和列的关系即可。

【程序实现】

```
#include <stdio.h>
int main()
{
  int i,j;
  for(i=1;i<=5;i++)
  {
    for(j=1;j<=5-i;j++)
      printf(" ");
    for(j=1;j<=2*i-1;j++)
      printf("*");
    printf("\n");
  }
  for(i=4;i>=1;i--)
  {
    for(j=5-i;j>=1;j--)
      printf(" ");
    for(j=2*i-1;j>=1;j--)
      printf("*");
    printf("\n");
  }
  return 0;
}
```

6. 韩信点兵。韩信带了一支军队，他想知道这支军队有多少人，便让士兵报数。按从 1 到 5 报数，最末一个士兵报的是 1；按从 1 到 6 报数，最末一个士兵报的数是 5；按从 1 到 7 报数，最末一个士兵报的数是4；最后按从1到11报数，最末一个士兵报的数是10。请编程计算韩信至少带了几名士兵。

【解析】本题主要是应用循环，重点在于理解题目中报数最后一个士兵报的数其实就是整除求余中的余数。另外，题目中问的是至少带几个士兵，意味着只要找到满足上述条件的数，要立即停止往下搜索，利用 break 终止循环。

【程序实现】

```
#include <stdio.h>
int main()
{
   int x;
   for (x=1;;x++)
   {
      if (x%5==1 && x%6==5 && x%7==4 && x%11==10)
      {
         printf("韩信至少带了%d名士兵\n",x);
         break;
      }
   }
   return 0;
}
```

7. 若一个口袋内放了12颗球，其中红色3颗，白色3颗，黑色有6颗，从中任取8颗球，求解共有多少种组合方式。

【解析】本题主要应用嵌套循环求组合，考察点是应用题目中的限制条件来控制循环过程，例如红球的颗数的取值范围是0～3，白球是0～3，黑球是0～6，

【程序实现】

```
#include "stdio.h"
int main()
{
   int i,j,k,sum=0;
   for(i=0;i<=6;i++)
   {
      for(j=0;j<=3;j++)
      {
         for(k=0;k<=3;k++)
         {
            if(i+j+k==8)
            {
               sum++;
```

```
                printf("红色球=%d,白色球=%d,黑色球=%d\n",j,k,i);
            }
        }
    }
  }
  printf("共有%d种情况\n",sum);
  return 0;
}
```

第5章 数组程序设计

1. 一个数组内存放8个学生的英语成绩,打印出平均分以及高于平均分的成绩。

【解析】用一个变量处理平均分,然后在把平均分值和数组内所有元素逐个比较。最高分则在分数输入时就可以得到。

【程序实现】

```
#include <stdio.h>
int main(void)
{
  int mark[8],i,max=-32768;/* 先定义max为整型最小数据,只要比这个数大,就
                              存起来 */
  double aver=0.0; /* 平均分一般都是小数,要注意定义合适的类型 */
  for(i=0;i<8;i++)
  {
    printf("Please input a mark:\n");
    scanf("%d",&mark[i]);
    if(max<mark[i])
      max=mark[i];
    aver+=mark[i]; /* 输入一个数据,就加到aver里 */
  }
  printf("The max mark is %d\n",max);
  aver/=8; /* 用已经得到的8个数的和求平均 */
  printf("The average mark is %.1lf\n",aver);
  printf("The following marks are higher than the average mark:\n");
  for(i=0;i<8;i++)   /* 逐个检查看是否大于平均值 */
  {
    if(mark[i]>aver)
```

```
        printf("%d",mark[i]);
    }
    return 0;
}
```

输入值:85 43 62 75 72 90 50 69

输出值:

The average mark is 68.2

The following marks are higher than the average mark:

85 72 90 69

2. 输入一个英文字符串(包括空格,到回车为止,长度小于60),要求统计如下指标:

(1)字符串长度;

(2)统计字符串内大写字母、小写字母、数字各有多少。

【解析】先定义一个数组存放输入的字符串。然后从串首开始逐个统计指标。

【程序实现】

```
#include <stdio.h>
#include<string.h>
int main(void)
{
    char str[60];
    int bigletter=0,smallletter=0,digit=0,total,i;
    printf("Please input the string:\n");
    gets(str);
    puts(str);
    total=strlen(str);
    for(i=0;i<total;i++)
    {
        if(str[i]>='A'&&str[i]<='Z')
            bigletter++;
        else if(str[i]>='a'&&str[i]<='z')
            smallletter++;
        else if(str[i]>='0'&&str[i]<='9')
            digit++;
    }
    printf("The length of string is %d\n",total);
    printf("The quantities of big letters,small letters and digits are %d,%d and %d,
            respectively",bigletter,smallletter,digit);
    return 0;
}
```

3. 打印如下形式的杨辉三角形。

```
1
1  1
1  2  1
1  3  3  1
1  4  6  4  1
1  5  10  10  5  1
```

输出前10行，用二维数组实现。

【解析】首先可以观察第i行有i个数据。那么我们可以先定义数组大小。然后我们观察得到，每行除去第一个元素和最后一个元素外，其余元素均为上一行前一列元素和本列元素的和。这样杨辉三角就做出来了。

【程序实现】

```
#include <stdio.h>
#define MAX_ROW 10
#define MAX_COL 10
int main(void)
{
    int dwRow=0,dwCol=0,aTriVal[MAX_ROW][MAX_COL]={{0}};
    for(dwRow=0; dwRow < MAX_ROW; dwRow++)
        aTriVal[dwRow][0]=aTriVal[dwRow][dwRow]=1;
              /* 若为i行0或i列,则i行j列值为1 */
    for(dwRow=2; dwRow < MAX_ROW; dwRow++)
        for(dwCol=1; dwCol < dwRow; dwCol++)
                              /* 否则,i行j列值为i-1行中第j-1列与第j列值之和 */
            aTriVal[dwRow][dwCol]=aTriVal[dwRow-1][dwCol-1]+aTriVal
            [dwRow-1][dwCol];
    for(dwRow=0; dwRow < MAX_ROW; dwRow++)
    {
        for(dwCol=0; dwCol <=dwRow; dwCol++)  /* 输出杨辉三角值 */
            printf("%-5d",aTriVal[dwRow][dwCol]);
        printf("\n");
    }
    return 0;
}
```

4. 打印出如下螺旋形规律排列数字的7*7矩阵。另外，思考下类似的10*10的矩阵，你能不能打印出来？

$$a=\begin{pmatrix} 1 & 2 & 3 & 4 & 5 & 6 & 7 \\ 24 & 25 & 26 & 27 & 28 & 29 & 8 \\ 23 & 40 & 41 & 42 & 43 & 30 & 9 \\ 22 & 39 & 48 & 49 & 44 & 31 & 10 \\ 21 & 38 & 47 & 46 & 45 & 32 & 11 \\ 20 & 37 & 36 & 35 & 34 & 33 & 12 \\ 19 & 18 & 17 & 16 & 15 & 14 & 13 \end{pmatrix}$$

【解析】我们列出 7＊7 矩阵和一个简单的 4＊4 阵来观察下。

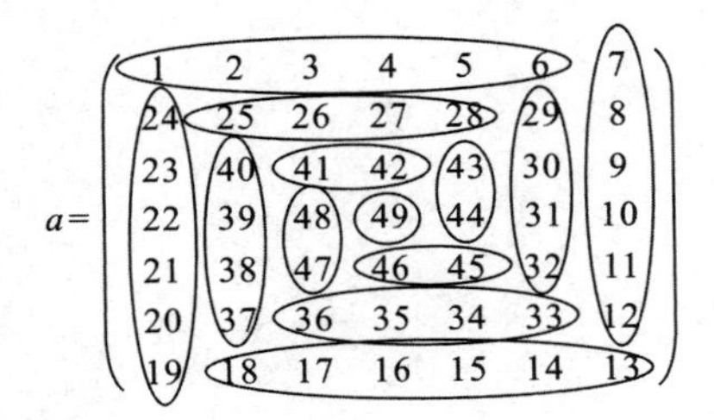

$$a=\begin{pmatrix} 1 & 2 & 3 & 4 \\ 12 & 13 & 14 & 5 \\ 11 & 16 & 15 & 6 \\ 10 & 9 & 8 & 7 \end{pmatrix}$$

从图中我们可以看出，假设矩阵阶为 N，可以先顺时针依次打印最外圈 4 组 N－1 个数据，然后顺次打印次外圈 4 组 N－3 个数据。阶为奇数或者偶数是有差别的，奇数阶阵最后还剩下中心那个数，偶数阶阵则不剩。我们可以把每次用两个边界变量对要打印的数字个数进行规定，在每一圈数字打印结束后，两个边界变量值进行向内收缩的变化。最后，对于奇数阶矩阵，再把剩下的那个数打印出来。当然在打印的同时要处理好这个二维数组下标的变化。下边的代码将预处理命令里的 7 换成 10，即可打印出 10＊10 螺旋形矩阵。

【程序实现】

```
#include <stdio.h>
#define N 7
int main(void)
{
  int a[N][N];
  int x=0,y=0,start=0,end=N-1,num=1,i;
  while(start<=end)
  /* 左右边界相等即结束循环，这里要注意两个边界的初始量的差刚好为 N-1 */
  {
    for(i=start;i<end;i++)  /* 上边界循环 */
    {
      a[x][y++]=num;
```

```
            num++;
        }
        for(i=start;i<end;i++)   /* 右边界循环 */
        {
            a[x++][y]=num;
            num++;
        }
        for(i=start;i<end;i++)   /* 下边界循环 */
        {
            a[x][y--]=num;
            num++;
        }
        for(i=start;i<end;i++)   /* 左边界循环 */
        {
            a[x--][y]=num;
            num++;
        }
        if(start==end)   /* 如果是奇数阶矩阵,打印中间的数字 */
            a[x][y]=num;
    /* 之后是对边界和下标的调整 */
        start++;
        end--;
        x++;
        y++;
    }
    printf("This matrix is:\n");
    for(x=0;x<N;x++)
    {
        for(y=0;y<N;y++)
            printf("%4d",a[x][y]);
        printf("\n");
    }
    return 0;
}
```

5. 用数组完成如下功能:从键盘输入一个字符串,统计出其中单词数。这里对单词的定义比较宽松,它是任何其中不包含空格、制表符或换行符的字符序列。

【解析】判断单词的界限是本程序难点。这里我们用一个状态变量 state。当 state=1 时,证明目前在单词中检查字符,否则就不在单词中。我们默认 state=0 为初始状态,当检查的字符不是制表符或者换行符，且 state=0 时，则证明进入一个新单词，state 变为 1。

【程序实现】

```
#include <stdio.h>
int main(void)
{
  char str[60];
  int word_num=0,i=0;
  int state=0;
  printf("input a string:\n");
  gets(str);
  while(str[i]!='\0')
      /* gets 函数会在数组内存储字符串后自动将换行变为字符串结束符\0 */
  {
    if(str[i]=='\t'||str[i]==' ')
      /* 空格或制表符排除。用 gets 函数就没有换行，不进行排除 */
      state=0;
    else if(state==0)
    {
      state=1;
      word_num++;
    }
    i++;
  }
  printf("The total words are %d",word_num);
  return 0;
}
```

第 6 章　函数

1. 从键盘上输入 10 个整数，分别编写返回和的函数 getSum 和返回平均值的函数 getAvaerge，最后在 main 函数中调用上述两个函数输出这 10 个整数的和与平均值。

【解析】本题主要考察函数的定义和调用，另外输入 10 个整数，通常考虑用数组来存储。

【程序实现】

```
int getSum(int a[],int n)
{
  int i,sum=0;
```

```
    for(i=0; i<n;i++)
    {
        sum+=a[i];
    }
    return sum;
}
float getAverage(int a[],int n)
{
    return(float)getSum(a,n)/n;
}
int main()
{
    int i,a[10];
    for(i=0;i<10; i++)
        scanf("%d",&a[i]);
    printf("\sum=%d,average=%.2f",getSum(a,10),getAverage(a,10));
    return 0;
}
```

2. 从键盘上输入10个整数,去掉其中的奇数,将其剩余的数按照由大到小进行输出。

【解析】本题先定义数组的排序函数,然后输出时忽略基数即可。

【程序实现】

```
void bubbleSord(int a[],int n)
{
    int i,j,temp;
    for(i=0; i <n; i++)
    {
        for(j=n-1; j > i; j--)
        {
            if(a[j] <a[j-1])
            {
                temp=a[j-1];
                a[j-1]=a[j];
                a[j]=temp;
            }
        }
    }
}
int main()
```

```
{
    inti,a[10];
    for(i=0;i<10; i++)
        scanf("%d",&a[i]);
    bubbleSord(a,10);
    for(i=0;i<10; i++)
    {
        if(a[i]%2==0)
            printf("%d<",a[i]);
    }
    return 0;
}
```

3. 设计一个函数，用来判断一个整数是否为素数（只能被 1 和其本身整除的数为素数。负数、0、1 都不是素数）。

【解析】任何一个整数都可以看成两个数相乘的积，这两个数相等时正好是平方根。所以，如果不是素数，则必然存在两个整数相乘得到该数，而且两个整数一个小于等于平方根，另外一个大于等于平方根。利用反证法思维，只要存在一个小于平方根的数能够被该数整除，则判定为非素数。

【程序实现】

```
#include<math.h>
int IsPrime(int number);
int main()
{
    int n;
    printf("请输入一个大于 1 的自然数:");
    scanf("%d",&n);
    while(n<=1)
    {
        printf("输入错误,请重新输入:");
        scanf("%d",&n);
    }
    if(IsPrime(n))   /* n 是素数时 */
        printf("%d 是素数\n",n);
    else      /* n 不是素数时 */
        printf("%d 不是素数\n",n);
    }
    int IsPrime(int number)
    {
```

```
    int i;
    for(i=2;i<=sqrt(number);i++)
    {
      if((number%i)==0)
        return 0;
    }
  }
  return 1;
}
```

4. 设计一个函数 MinCommonMultiple(),计算两个正整数的最小公倍数。

【解析】本题也是考察函数的定义,重点在于解题思维的训练。两个数的最小公倍数,可以先判断较大的那个数是否为另外一个数的倍数,如果是,则较大的为最小公倍数。如果不是,则可以将较大的那个数扩大倍数,看看是否能把另外一个数整除,如果找到则结束。

【程序实现】

```
int MinCommonMultiple(int a,int b)
{
  int temp,k,result;
  if(a<b)  //交换值,确保 a 较大
  {
    temp=a;
    a=b;
    b=temp;
  }
  if(a%b==0)
    result=a;
  else
  {
    for(k=2;; k++)
      if(k * a%b==0)
        break;
    result=k * a;
  }
  return result;
}
int main()
{
  int a,b;
  printf("\n 请输入两个整数:");
```

```
    scanf("%d%d",&a,&b);
    printf("\n%d 和%d 的最小公倍数为%d\n",a,b,MinCommonMultiple(a,b));
    return 0;
}
```

第 7 章 指针

1. 什么是地址？什么是指针？什么是指针变量？

答：如果在程序中定义了一个变量，在对程序进行编译时，系统就会为该变量分配内存单元。内存中的每一个单元都有一个编号，这就是内存单元的地址。一个变量的地址称为该变量的“指针”。一个专门用来存放另一变量的地址（即指针）的变量称为指针变量。

2. 有一个二维数组 a[4][5]，请说明以下各量的含义：

a，&a[0]，a+1，*(a+1)，*(*(a+1)+2)，&a[1][3]，a[1][3]

答：以下各表示形式的含义如下表所示：

表 1-2

表示形式	含义
a	二维数组名，指向一维数组 a[0]，即第 0 行首地址，相当于 &a[0][0]
&a[0]	指向一维数组 a[0]，即第 0 行首地址，相当于 &a[0][0]
a+1	指向一维数组 a[1]，即第 1 行首地址，相当于 &a[1][0]
*(a+1)	第 1 行第 0 列元素的地址，相当于 &a[1][0]
((a+1)+2)	第 1 行第 2 列元素的值，相当于 a[1][2]
&a[1][3]	第 1 行第 3 列元素的地址
a[1][3]	第 1 行第 3 列元素的值

3. 用指针作为函数的参数，设计一个实现两个参数交换的函数，输入三个实数，按由大到小的顺序输出。

【解析】先定义一个函数，用指针变量作参数实现两个数的交换。在主函数中对三个数两两比较，如果不满足输出顺序就调用函数进行交换。

【程序实现】

```
#include <stdio.h>
void swap(int *p1,int *p2)
{
  int temp;
  temp= *p1;
  *p1= *p2;
```

```
    *p2=temp;
}
int main()
{
    int a,b,c, *t1=&a, *t2=&b, *t3=&c;
    printf("请输入三个整数:");
    scanf("%d,%d,%d",&a,&b,&c);
    if( *t1< *t2) swap(t1,t2);
    if( *t1< *t3) swap(t1,t3);
    if( *t2< *t3) swap(t2,t3);
    printf("按照从大到小顺序输出为:\n %d,%d,%d\n",a,b,c);
    return 0;
}
```

4. 编写一个函数,判断输入的一个字符串是否为回文。所谓回文就是字符串首尾对称,如“xyyx”、“xyzyx”都是回文。

【解析】设两个指针变量 p、q 分别指向字符串的首尾,p 从前向后,q 从后向前依次取出字符进行比较,如果 p 所指向的字符不等于 q 所指的字符,则字符串就不是回文,程序返回;如果相等就继续,直到 p 和 q 相遇,则字符串是回文。

【程序实现】

```
#include <stdio.h>
#include <string.h>
int TurnString(char str[])
{
    char *p, *q;
    p=str;
    q=str+strlen(str)-1;
    for(;p<q;p++,q--)
    {
        if( *p!= *q)
            return 0;
    }
    return 1;
}
int main()
{
    char str[80];
    printf("请输入字符串:");
    scanf("%s",str);
```

```
    if(TurnString(str))
        printf("字符串%s 是回文!\n",str);
    else
        printf("字符串%s 不是回文!\n",str);
    return 0;
}
```

5. 编写程序,利用指针实现统计一个字符串中字母、数字、其他字符的个数。

【解析】设置三个整型变量 letter、digit、other 分别记录三种字符的个数,初始化值为 0。从键盘输入一个字符串,定义一个指向字符型数据的指针变量 p,指向字符串首地址,依次判断指针 p 所指向的字符是字母、数字或者其他字符,并使相应的计数变量加 1,并让 p 指针后移一个字符,直到字符串末尾。

【程序实现】

```
#include <stdio.h>
#include <string.h>
#include <ctype.h>
int main()
{
    char str[80], *p;
    int letter=0,digit=0,other=0;
    printf("请输入字符串:");
    gets(str);
    p=str;
    while( *p)
    {
        if(isalpha( *p)) letter++;
        else if(isdigit( * p)) digit++;
            else other++;
        p++;
    }
    printf("字符串中有字母%d 个,数字%d 个,其他字符%d 个。\n",letter,digit,other);
    return 0;
}
```

6. 编写一个函数,利用字符指针编程实现字符串拷贝的功能。

【解析】字符串复制函数 MyStrCpy 使用两个指针变量 SrcStr 和 DstStr 作为形参,分别指向源字符串和目标字符串,在主函数中调用复制函数时,分别将源字符串和目标字符串数组的首地址传给指针变量 SrcStr 和 DstStr,在复制函数中通过 while 循环语句每次将源串中的一个字符赋给目标串,直到字符串末尾。

【程序实现】

```
#include <stdio.h>
```

```
#include<string.h>
void MyStrCpy(char *SrcStr,char *DstStr)
{
  while( *SrcStr!='\0')
     *DstStr++= *SrcStr++;
  *DstStr='\0';
}
```

也可以写成

```
void MyStrCpy(char *SrcStr,char *DstStr)
{
  while( *DstStr++= *SrcStr++);
}
int main()
{
  char str1[80],str2[80];
  printf("请输入源字符串:");
  gets(str1);
  MyStrCpy(str1,str2);
  printf("经过复制后:\n");
  printf("源字符串:%s\n",str1);
  printf("目标字符串:%s\n",str2);
  return 0;
}
```

7. 编写一个函数,将0、1字符串表示的二进制数转换成对应的十进制数,并返回转换结果。如输入字符串:"10011001",输出结果:153。

【解析】转换函数的形参使用一个字符指针变量p,在主函数中调用转换函数时将字符串的首地址传给指针变量p,函数中通过while循环语句每次取出字符串中的一个字符,通过运算 *p-'0'将数字字符转换成数字,直到字符串末尾,并通过按权相加求和的方式得到最后的转换结果。

【程序实现】

```
#include <stdio.h>
int BinToDec(char *p)
{
  int num=0;
  while( *p!='\0')
  {
    num=num * 2+ *p-'0';
    p++;
```

```
    }
    return num;
}
int main()
{
    char str[80];
    printf("请输入一个仅包含 0、1 的字符串:");
    scanf("%s",str);
    printf("二进制串:%s 对应的十进制数为%d\n",str,BinToDec(str));
    return 0;
}
```

8. 输入一个字符串,将字符串中所有数字字符提取出,例如:输入:"abc12,d56f * 789",则生成的数字分别有:12、56、789。

【解析】首先从键盘输入一个字符串存放在字符数组 str 中,另设置一个字符数组 numstr 存放读取到的一个连续的数字字符串,整数数组 a 存放提取出的各个数字,设置字符指针 pa、pb 分别指向字符数组 str 和 numstr 的首地址,然后通过移动指针 pa 扫描 str 中的各个字符,判别是否是数字字符,并将识别到的连续数字字符存到字符数组 numstr 中,再将 numstr 中的连续数字字符经过转换存到整数数组 a 中,直到字符串结束为止。最后输出数组 a 的结果。

【程序实现】

```
#include <stdio.h>
#include <string.h>
#include <stdlib.h>
int main()
{
    char str[256],numstr[20], *pa, *pb;
    int i,n=0,a[50];
    printf("请输入一个字符串:\n");
    gets(str);
    pa=str;
    while( *pa)
    {
        pb=numstr;
        i=0;
        while( *pa>='0' && *pa<='9')
        {
            *pb++= *pa++;
            i++;
```

```
        }
        if(i)
        {
            *pb='\0';
            a[n]=atoi(numstr);
            n++;
        }
        if(*pa) pa++;
    }
    printf("字符串中包含的数字有:\n");
    for(i=0;i<n;i++) printf("%d\n",a[i]);
    return 0;
}
```

9. 编写一函数,实现将一个N阶方阵转置。

【解析】函数 MatrixTrans 的形参 p 定义为指向一维数组的指针变量,main 函数中的实参 a 也是指向数组第 0 行的指针,将它传递给形参 p,则 *(*(p+i)+j)就表示第 i 行第 j 列的元素的值。

【程序实现】

```
#include <stdio.h>
#define N 5
void MatrixTrans(int(*p)[N])
{
    int i,j,temp;
    for(i=0;i<N;i++)
        for(j=0;j<i;j++)
        {
            temp=*(*(p+i)+j);
            *(*(p+i)+j)=*(*(p+j)+i);
            *(*(p+j)+i)=temp;
        }
}
int main()
{
    int i,j,a[N][N];
    printf("请输入一个%d×%d的矩阵:",N,N);
    for(i=0;i<N;i++)
        for(j=0;j<N;j++)
            scanf("%d",&a[i][j]);
```

```
    printf("原矩阵为:\n");
    for(i=0;i<N;i++)
    {
      for(j=0;j<N;j++)
        printf("%d",a[i][j]);
      printf("\n");
    }
    MatrixTrans(a);
    printf("经过转置后的矩阵为:\n");
    for(i=0;i<N;i++)
    {
      for(j=0;j<N;j++)
        printf("%d",a[i][j]);
      printf("\n");
    }
    return 0;
}
```

10. 编写一函数,统计字符串 s2 在字符串 s1 中出现的次数,如果该字符串没有出现,返回值为 0。

【解析】从头开始扫描字符串 s1 的每个字符,当当前字符之后的字符依次与字符串 s2 的字符相等直到 s2 的所有字符比较完毕时,次数计数器加 1。重复这一过程直到 s1 的所有字符比较完毕。

【程序实现】

```
#include <stdio.h>
int CountStr(char *str,char *substr)
{
    int count=0;
    char *p, *q;
    while( *str)
    {
      for(p=str++,q=substr; *p== *q;p++,q++)
        if( *(q+1)=='\0') count++;
    }
    return count;
}
int main()
{
    char s1[80],s2[80];
```

```
    printf("请输入源字符串:\n");
    gets(s1);
    printf("请输入子串:\n");
    gets(s2);
    printf("子串在源字符串中出现:%d 次!\n",CountStr(s1,s2));
    return 0;
}
```

11. 有 5 个学生,每人考 4 门课,查找有一门以上课程不及格的学生,输出其各门课成绩。

【解析】函数 SearchFail 的形参 p 定义为指向一维数组的指针变量,main 函数中的实参 score 也是指向数组第 0 行的指针,将它传递给形参 p,*(*(p+i)+j)就表示第 i 个学生第 j 门课程的成绩。

【程序实现】

```
#include <stdio.h>
#include <stdio.h>
int main()
{
    void SearchFail(float( *p)[4],int n);
    float score[5][4]={{87,79,82,80},{90,87,89,91},{78,69,80,56},{70,65,81,
                        69},{67,58,71,49}};
    printf("有一门以上课程不及格的有:\n");
    SearchFail(score,5);
    return 0;
}
void SearchFail(float( *p)[4],int n)
{
    int i,j,flag;
    for(j=0;j<n;j++)
    {
        flag=0;
        for(i=0;i<4;i++)
            if( *( *(p+j)+i)<60) flag=1;
        if(flag)
        {
            printf("No.%d:\n",j+1);
            for(i=0;i<4;i++)
                printf("课程%d:%5.1f\n",i+1, *( *(p+j)+i));
        }
    }
}
```

12. 编写程序，输入月份号，输出该月份的英文名称。例如，输入"1"，则输出"January"。要求用指针数组处理。

【解析】定义一个字符指针数组 months[12]，每个元素指向一个月份的英文名称，当输入一个 1～12 之间的月份号，就输出对应的 *(months+i−1)。

【程序实现】

```
#include <stdio.h>
int main()
{
   char *months[12]={"January","February","March","April","May","June","
                    July","August","September","October","November","De-
                    cember"};
   int i;
   printf("请输入月份:");
   scanf("%d",&i);
   if(i>=1 && i<=12)
      printf("%d 月对应的英文名为:%s\n",i, *(months+i-1));
   else
      printf("输入的月份无效!\n");
   return 0;
}
```

13. 哥德巴赫猜想：任意大于 2 的偶数可以分解为两个素数之和。请给出该偶数的分解结果。要求用函数实现。

【解析】函数有三个参数，第一个参数 n 为待分解的偶数，以值传递的方式接收主函数的输入，第二、三个参数为指针变量，以指针传递方式返回结果，即分解的两个素数。

【程序实现】

```
#include <stdio.h>
#include <math.h>
void Gguess(int n,int *p,int *q)
{
   int i,n1,n2;
   for(n1=2;n1<=n/2;n1++)
   {
      n2=n-n1;
      for(i=2;i<=sqrt(n1);i++)
         if(n1%i==0) break;
      if(i<=sqrt(n1)) continue;
      for(i=2;i<=sqrt(n2);i++)
```

```
        if(n2%i==0) break;
      if(i>sqrt(n2)) break;
    }
    *p=n1;
    *q=n2;
}
int main()
{
    int n,n1,n2;
    printf("请输入一个偶数:");
    scanf("%d",&n);
    if(n%2==0)
    {
      Gguess(n,&n1,&n2);
      printf("偶数%d 可分解为%d+%d\n",n,n1,n2);
    }
    else
      printf("输入的数字不是偶数!\n");
    return 0;
}
```

14. 编写程序,求任意给定的两个整数的和与差。要求用指向函数的指针实现。

【解析】定义两个函数分别实现求两个数的和与差值。另外定义一个函数以实现调用一个函数并输出此函数的返回值,该函数的参数有三个,其中第三个参数为指向函数的指针变量,在调用该函数时,由实参将需要调用的函数的地址传给该形参指针变量。

【程序实现】

```
#include <stdio.h>
int Sum(int x,int y)
{
    return(x+y);
}
int Difference(int x,int y)
{
    return (x-y);
}
void fun(int x,int y,int( *p)(int x,int y))
{
    int result;
    result=( *p)(x,y);
```

```
    printf("%d\n",result);
}
int main()
{
    int x,y;
    printf("请输入两个整数:\n");
    scanf("%d,%d",&x,&y);
    printf("两数之和为:");
    fun(x,y,Sum);
    printf("两数之差为:");
    fun(x,y,Difference);
    return 0;
}
```

第8章　结构体、共用体和枚举类型

1. 输入5位同学的一组信息，包括学号、姓名、数学成绩、计算机成绩，求得每位同学的平均分和总分，然后按照总分从高到低排序。

【解析】首先考虑输入的学生信息用结构体类型来表示，另外，结构体类型的成员包括学号、姓名、数学成绩、计算机成绩，分别对应于字符数组或者是整型、浮点型数据，再选择某种排序方法进行排序。

【程序实现】

```
#include <stdio.h>
struct mes
{
    int sno;
    char sname[20];
    float grade1;
    float grade2;
    float sum;
    float avg;
}student [5];        //定义结构体变量数组
int main()
{
    int i,j,k;
    struct mes temp;
```

```
    printf("请输入五位学生的信息\n");
    printf("学号\t姓名\t数学\t计算机\n");
    for(i=0;i<5;i++)
    {
      scanf("%d\t%s\t%f\t%f",&student[i].sno,student[i].sname,&student[i].
      grade1,&student[i].grade2);student[i].sum=student[i].grade1+student[i].
      grade2;student[i].avg=student[i].sum/2;
    }           //输入每位学生间隔的信息时运用 Tab 键
    for(i=0;i<4;i++)
    {
      k=i;
      for(j=i+1;j<5;j++)
      if(student[k].sum<student[j].sum)
        k=j;
      temp=student[k];student[k]=student[i];student[i]=temp;
    }
    printf("学生成绩的排序结果为:\n");
    for(i=0;i<5;i++)
    {
      printf("学号:%d,姓名:%s,数学成绩:%3.1f,计算机成绩:%3.1f:%3.1f,分:%
      3.1f\n",student[i].sno,student[i].sname,student[i].grade1,student[i].grade2,
      student[i].avg,student[i].sum);
    }           //显示五位同学的信息
    return 0;
}
```

运行结果:

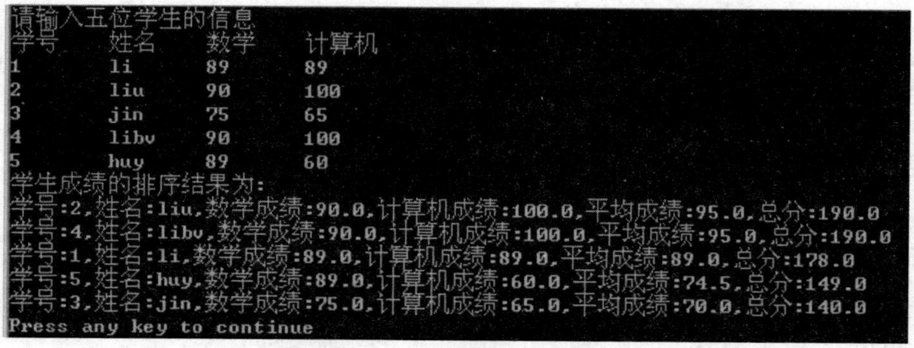

```
请输入五位学生的信息
学号    姓名    数学    计算机
1       li      89      89
2       liu     90      100
3       jin     75      65
4       libv    90      100
5       huy     89      60
学生成绩的排序结果为:
学号:2,姓名:liu,数学成绩:90.0,计算机成绩:100.0,平均成绩:95.0,总分:190.0
学号:4,姓名:libv,数学成绩:90.0,计算机成绩:100.0,平均成绩:95.0,总分:190.0
学号:1,姓名:li,数学成绩:89.0,计算机成绩:89.0,平均成绩:89.0,总分:178.0
学号:5,姓名:huy,数学成绩:89.0,计算机成绩:60.0,平均成绩:74.5,总分:149.0
学号:3,姓名:jin,数学成绩:75.0,计算机成绩:65.0,平均成绩:70.0,总分:140.0
Press any key to continue
```

图 1-1

2. 定义一个结构体变量(包括年、月、日)。编写一个函数 days,计算该日期在本年中是第几天(注意闰年问题)。由主函数将年、月、日传递给 days 函数,计算之后,将结果传回主函数输出。

【解析】考虑用结构体变量来存储年、月、日，用一个函数来实现日期的计算。

【程序实现】

```
#include<stdio.h>
struct Date
{
  int day;
  int month;
  int year;
};
int main()
{
  void days(struct Date date1,int * q);
  struct Date date1;
  struct Date * p;
  int n;
  printf("请输入年份:");
  scanf("%d",&date1.year);
  printf("请输入月份:");
  scanf("%d",&date1.month);
  printf("请输入日期:");
  scanf("%d",&date1.day);
  p=&date1;
  days( * p,&n);         //使指针指向变量n,存放计算的总天数
  printf ("%d 年%d 月%d 日是该年的第%d 天。\n",date1.year,date1.month,
       date1.day,n);
  return 0;
}
void days(struct Date date1,int * q)
{
  int month2;
  if(date1.year%400==0||(date1.year%100!=0 && date1.year%4==0))
    month2=29;              //判断为闰年,其该年的二月为29天
  else month2=28;
  switch(date1.month)
  {
    case 1 : * q=date1.day;break;
    case 2: * q=31+date1.day; break;
```

```
    case 3: * q=month2+31+date1. day; break;
    case 4: * q=31 * 2+month2+date1. day; break;
    case 5: * q=31 * 2+month2+30+date1. day;break;
    case 6: * q=31 * 3+month2+30+date1. day; break;
    case 7: * q=31 * 3+30 * 2+month2+date1. day;break;
    case 8: * q=31 * 4+30 * 2+month2+date1. day;break;
    case 9: * q=5 * 31+30 * 2+month2+date1. day;break;
    case 10: * q=5 * 31+3 * 30+month2+date1. day; break;
    case 11: * q=6 * 31+3 * 30+month2+date1. day;break;
    case 12: * q=6 * 31+4 * 30+month2+date1. day;
  }             //把计算的总天数赋值给 * p
}
```

运行结果：

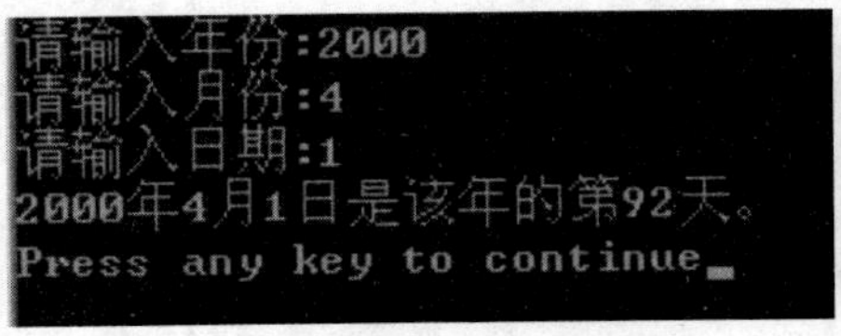

```
请输入年份:2000
请输入月份:4
请输入日期:1
2000年4月1日是该年的第92天。
Press any key to continue
```

图 1-2

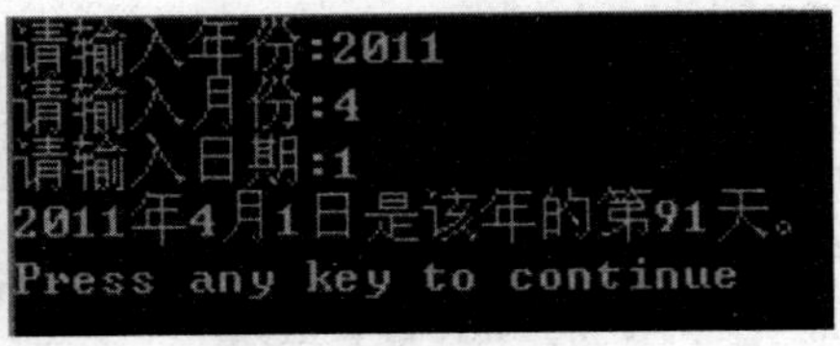

```
请输入年份:2011
请输入月份:4
请输入日期:1
2011年4月1日是该年的第91天。
Press any key to continue
```

图 1-3

3. 学生成绩管理：有 5 个学生，每个学生的数据包括学号、班级、姓名、三门课成绩。从键盘输入 5 个学生数据，要求打印出每个学生三门课的平均成绩，以及每门课程平均分、最高分的学生数据（包括学号、班级、姓名、三门课成绩，平均分）。

【解析】本题解析请见教材提示，答案略。

4. 采用结构体数组编写程序，定义一个含职工姓名、工作年限、工资总额的结构体类型，初始化 5 名职工的信息，最后再对工作年限超过 30 年的职工加 100 元工资，然后分别输出工资变化之前和之后的所有职工的信息。

【程序实现】

```
#include <stdio.h>
struct worker
{
  char name[20];
  int workyear;
  float salary;
}work[5];
void input()
{
  int i;for(i=1;i<=5;i++)
  {
```

```
    printf("第%d个工人:",i);
    printf("请输入 名字 工作年限 工资总额:\n");
    scanf("%s %d %f",&work[i].name,&work[i].workyear,&work[i].salary);
  }
};
int main()
{
  int i;input();
  printf("初始化5名职工的信息:\n");
  for(i=1;i<=5;i++)
    printf("%s%d%f\n",work[i].name,work[i].workyear,work[i].salary);
  for(i=1;i<=5;i++)
    if(work[i].workyear>30)
      work[i].salary+=100;
  printf("最后5名职工的信息工:\n");
  for(i=1;i<=5;i++)
    printf("%s %d %f \n",work[i].name,work[i].workyear,work[i].salary);
  return 0;
}
```

第9章 文件

1. 什么是文件？C语言中文件分为哪几类？各有什么特点？

答:所谓文件(file)一般是指存储在外部介质(如磁盘、磁带)上的一组相关数据的有序集合。C语言把文件看作是一个字符(字节)的序列,即由一个一个字符(字节)的数据顺序组成。因此,按数据的组织形式可将文件分为文本文件和二进制文件。文本文件即ASCII码文件,是按一个字节存放一个字符的ASCII码来存放的。文本文件形式与字符一一对应,一个字节代表一个字符,便于对字符进行处理,也便于输出字符,但是占用存储空间较多,并且要花费转换时间(二进制形式与ASCII码间的转换)。二进制文件是按数据在内存中的存储形式不加转换地存放到文件里的。二进制文件可以节省存储空间和转换时间,但一个字节并不对应一个字符,不能直接输出字符形式。

2. 什么是缓冲文件系统？

答:所谓缓冲文件系统是指系统自动地在内存中为每一个正在使用的文件开辟一个缓冲区,从内存向磁盘输出数据必须先送到内存中的缓冲区,装满后再一起送到磁盘去。如果从磁盘向计算机读入数据,则一次从磁盘文件将一批数据输入到内存缓冲区(充满缓冲区),然后再从缓冲区逐个地将数据送到程序数据区(给程序变量)。

3. 什么是文件指针？什么是文件位置指针？

答：每一个被使用的文件都要在内存中开辟一个区域，用来存放文件的有关信息，包括文件缓冲区的地址、缓冲区的状态、文件当前的读写位置等。这些信息被保存在一个结构体变量中，该结构体类型是由系统定义的，名字为 FILE。在 C 语言中，没有输入输出语句，对文件的操作都是借助文件类型指针和一组标准库函数来实现的。文件指针是一种用来指向某个文件的指针，保存已打开文件所对应的 FILE 结构在内存的地址，即指向某个文件存放在内存中的缓冲区的首地址。为了对读写进行控制，系统为每个文件设置了一个文件读写位置标记，即文件位置指针，用来指示“接下来要读写的下一个字符的位置”。

4. 文件操作的一般过程是什么？

答：使用文件一般按照如下流程进行：(1)打开文件。一般文件的特点是操作前需要先打开文件，打开文件的操作就是在内存中建立一个存放文件的缓冲区，缓冲区的大小由具体的语言标准规定。如果打开文件成功，则操作系统自动在内存中开辟一个文件缓冲区，如果打开文件失败，则内存中不建立文件缓冲区。(2)读/写文件。一旦文件被打开后，便可以对该文件进行读或写操作。从文件中读写数据时，操作系统首先自动把一个扇区的数据导入文件缓冲区，然后由程序控制数据读入并进行处理，一旦数据读入完毕，系统会自动把下一个扇区的数据导入文件缓冲区，以便继续读入数据。把数据写入文件时，首先由程序控制数据写入文件缓冲区，一旦写满文件缓冲区，操作系统会自动把这些数据写入磁盘中的一个扇区，然后把文件缓冲区清空，以便接收新的数据。(3)关闭文件。打开的文件操作完成后，要及时关闭文件。及时关闭文件可以及时释放所占用的内存空间，还可以保证文件内容的安全。

5. 编写程序，对一个指定的文本文件加上行号后显示出来。

【解析】首先从键盘上输入要读取的文件名，使用 fopen 函数以只读方式打开该文件，如果该文件不为空，使用 fgetc 函数读取一个字符，如果该字符不是换行符，则在屏幕上输出该字符，否则行号加 1，输出行号，直到文件结束。

【程序实现】

```
#include<stdio.h>
#include<string.h>
#include<stdlib.h>
int main()
{
    FILE *fp;
    char ch,filename[30];
    int row=1;
    printf("请输入需要读取的文件名:\n");
    scanf("%s",filename);
    if((fp=fopen(filename,"r"))==NULL)
    {
        printf("文件打开错误!\n");
```

```
        exit(0);
    }
    if(feof(fp))
    {
        printf("文件中没有文本!\n");
        fclose(fp);
        return;
    }
    printf("%4d:",row);
    while(!feof(fp))
    {
        ch=fetchar(fp);
        if(ch=='\n')
        {
            row++;
            printf("\n%4d:",row);
        }
        else
            putc(ch);
        if(row%20==0)
        {
            printf("……请按任意键继续……");
            getchar();
        }
    }
    fclose(fp);
    return 0;
}
```

6. 对于给定的文本文件,编写一个算法统计文件中各个不同字符出现的频度并将结果存入文件 result.txt 中(假定文件中的字符为 A～Z 这 26 个字母和 0～9 这 10 个数字)。

【解析】设置两个计数器变量 cc 和 nc 分别统计字母和数字字符的个数,初始值为 0。首先从键盘上输入要读取的文件名,使用 fopen 函数以只读方式打开该文件,再使用 fgetc 函数从文件中读取一个字符并判断是字母还是数字字符,并使相应的计数器变量加 1,直到遇到文件尾为止。然后用 fopen 函数以只写方式打开文件 result.txt,分别写入统计结果。

【程序实现】

```
#include<stdio.h>
#include<stdlib.h>
int main()
```

```
{
  FILE *fp1, *fp2;
  char ch,filename[30];
  int cc=0,nc=0;
  printf("请输入需要读取的文件名:\n");
  scanf("%s",filename);
  if((fp1=fopen(filename,"r"))==NULL)
  {
    printf("文件打开错误!\n");
    exit(0);
  }
  while((ch=fgetc(fp1))!=EOF)
  {
    if(ch>='0' && ch<='9')
      nc++;
    else
      cc++;
  }
  fclose(fp1);
  if((fp2=fopen("result.txt","w"))==NULL)
  {
    printf("文件打开错误!\n");
    exit(0);
  }
  fprintf(fp2,"字母字符个数:%d\n",cc);
  fprintf(fp2,"数字字符个数:%d\n",nc);
  fclose(fp2);
  return 0;
}
```

7. 对于例 9-5 的文件 exployee.dat,编写程序实现如下功能:

(1)在文件 exployee.dat 末尾追加职工记录;

(2)修改文件中指定工号的职工数据;

(3)从文件中删除指定工号的职工数据。

【解析】函数 AppeEMP()实现在文件尾追加职工记录,首先以追加方式打开文件,从键盘输入职工各项信息,使用函数 fwrite 将数据写到文件中;函数 ModiEMP()实现修改指定工号的职工数据,首先以读/写方式打开文件,从键盘输入职工工号,从文件中读取一名员工的信息到一个结构体变量中,将输入工号与该员工的工号进行比较,若相等,重新输入该员工信息,并使用函数 fwrite 将修改后的信息重新写入文件,若不等则读取下一名员工信息直到文件结束,提示不存在该工号的员工,文件内容不变; DeleEMP()实现删除指定工号的职工数据,首先以只读方式打开文件,将文件中的信息读取到一个结构体数组中,关闭文件;从键盘输入职工工号,在结构体数组中查找指定工号信息,若找到,以读/写方式重新打开文件,使用函数 fwrite 将删除后的剩余员工信息重新写入文件,若找不到,提示不存在该工号的员工,文件内容不变。

【程序实现】

```
void AppeEMP()
{
  FILE *fp;
  EMP ep;
  char ch='y';
  if((fp=fopen("employee.dat","ab"))==NULL)
  {
    printf("open file error!\n");
    exit(0);
  }
  do{
    printf("请输入工号:");
    scanf("%d",&ep.num);
    printf("请输入姓名:");
    scanf("%s",ep.name);
    printf("请输入年龄:");
    scanf("%d",&ep.age);
    printf("请输入性别:");
    scanf("%s",ep.sex);
    printf("请输入工资:");
    scanf("%f",&ep.salary);
    fwrite(&ep,sizeof(EMP),1,fp);
    fflush(stdin);
    printf("继续输入吗? 继续请输入 y 或 Y");
    scanf("%c",&ch);
  }while(ch=='y'||ch=='Y');
  fclose(fp);
}
void ModiEMP()
{
  FILE *fp;
  EMP ep;
```

```
    int Enum,i=0,flag=0;
    if((fp=fopen("employee.dat","rb+"))==NULL)
    {
        printf("文件打开错误!\n");
        exit(0);
    }
    printf("请输入要修改的员工工号:");
    scanf("%d",&Enum);
    while(1)
    {
        fread(&ep,sizeof(EMP),1,fp);
        if(!feof(fp))
        {
            if(Enum==ep.num)
            {
                flag=1;
                break;
            }
            i++;
        }
        else
            break;
    }
    if(!flag) printf("该工号不存在!\n");
    else
    {
        printf("修改前:\n");
        printf("工号姓名年龄性别工资\n");
        printf ("------------------------------------
            ------------------------------------\n");
        printf("%6d%6s%6d%6s%-8.2f \n",ep.num,ep.name,ep.age,ep.sex,ep.salary);
        printf("请输入工号:");
        scanf("%d",&ep.num);
        printf("请输入姓名:");
        scanf("%s",ep.name);
        printf("请输入年龄:");
        scanf("%d",&ep.age);
        printf("请输入性别:");
```

```
        scanf("%s",ep.sex);
        printf("请输入工资:");
        scanf("%f",&ep.salary);
        fseek(fp,i * sizeof(EMP),0);
        fwrite(&ep,sizeof(EMP),1,fp);
        printf("修改成功!\n");
    }
    fclose(fp);
}
void DeleEMP()
{
    FILE *fp;
    EMP ep[100];
    int Enum,n,i,j,flag=0;
    if((fp=fopen("employee.dat","rb"))==NULL)
    {
        printf("文件打开错误!\n");
        exit(0);
    }
    printf("删除前:\n");
    printf("工号姓名年龄性别工资\n");
    printf ("-----------------------------------------------------------------------------\n");
    for(n=0;fread(&ep[n],sizeof(EMP),1,fp);n++)
     printf("%6d    %6s    %6d    %6s        %-8.2f \n",ep[n].num,ep
          [n].name,ep[n].age,ep[n].sex,ep[n].salary);
    fclose(fp);
    printf("请输入要删除的员工工号:");
    scanf("%d",&Enum);
    for(i=0;i<n;i++)
      if(ep[i].num==Enum)
      {
        flag=1;
        break;
      }
    if(!flag)  printf("该工号不存在!\n");
    else
    {
```

```
        fp=fopen("employee.dat","wb+");
        if(n==1)
        {
          fclose(fp);//只有一条记录,删除后文件为空
          exit(1);
        }
        for(j=0;j<i;j++)
          fwrite(&ep[j],sizeof(EMP),1,fp);
        for(j=i+1;j<n;j++)
          fwrite(&ep[j],sizeof(EMP),1,fp);
        printf("删除后:\n");
        rewind(fp);
        printf("工号姓名年龄性别工资\n");
        printf ("----------------------------------
            ----------------------------\n");
        for(i=0;fread(&ep[i],sizeof(EMP),1,fp);i++)
          printf("%6d    %6s    %6d    %6s         %-8.2f  \n",ep[i].num,ep
              [i].name,ep[i].age,ep[i].sex,ep[i].salary);
        fclose(fp);
    }
}
```

8. 编写程序,模拟用户注册和登录功能。其中需要将从键盘输入的用户密码加密后保存到文件中,加密方法采用异或运算。

【解析】对于用户注册,以追加方式打开文件,将输入的用户名和加密后的密码存入文件末尾。如果是用户登录,以只写方式打开文件,将用户输入的用户名和密码与文件中的数据进行比较,如果相等,则登录成功;如果文件中不存在输入的用户名和密码,提示输入有误,重新输入,限制用户输入的次数不超过三次。

【程序实现】

```
#include<stdio.h>
#include<string.h>
#include<stdlib.h>
void Register()
{
  FILE *fp;
  char username[20],password[20], *p;
  if((fp=fopen("users.txt","a"))==NULL)
  {
    printf("文件打开错误!\n");
```

```
        exit(0);
    }
    printf("请输入用户名:");
    scanf("%s",username);
    printf("请输入密码:");
    scanf("%s",password);
    p=password;
    while( *p!='\0')
    {
        *p= *p^127;
        p++;
    }
    fprintf(fp,"%20s%20s",username,password);
    printf("注册成功!\n");
    fclose(fp);
}
void Login()
{
    FILE *fp;
    char username[20],password[20], *p,s1[20],s2[20];
    int count=0,flag=0;
    if((fp=fopen("users.txt","r"))==NULL)
    {
        printf("文件打开错误!\n");
        exit(0);
    }
    while(count<3 && flag==0)
    {
        count++;
        printf("请输入用户名:");
        scanf("%s",username);
        printf("请输入密码:");
        scanf("%s",password);
        p=password;
        while( *p!='\0')
        {
            *p= *p^127;
            p++;
```

```
        }
        rewind(fp);
        while(!feof(fp))
        {
            fscanf(fp,"%s%s",s1,s2);
            if((strcmp(username,s1)==0)&&(strcmp(password,s2)==0))
            {
                flag=1;
                break;
            }
        }
        if(flag==0)
            printf("用户名或密码错误,请重新输入!\n");
    }
    if(flag==1)
        printf("登录成功!\n");
    else
        printf("输入错误超过3次!再见!\n");
    fclose(fp);
}
int main()
{
    char choice;
    do
    {
        printf("————————————————————————————————\n");
        printf("1. 注册   2. 登录   0. 退出\n");
        printf("————————————————————————————————\n");
        printf("请输入你的选择(0-2):");
        scanf("%d",&choice);
        switch(choice)
        {
            case 1:Register();break;
            case 2:Login();break;
        }
    }while(choice==1||choice==2);
    return 0;
}
```

第二部分　实验指导与练习

第1章　程序语言概述

【实验指导】

实验一　C语言开发环境与习惯

一、实验目的

1. 熟悉C程序编写环境和程序框架，能初步查找需要的函数来完成一些简单的功能。

2. 在定义变量、书写格式等方面初步养成好的编程习惯。深刻理解可以用输出来看结果的正确性。

二、实验内容

1. 熟悉Dev-C++环境。

2. 求半径为5的圆外接和内接正方形的周长和面积。

【巩固与提高】

一、问答

1. 算法和程序的区别是什么？

2. 算法的描述方式主要有几种，分别是什么？

3. 高级程序设计语言和低级程序设计语言的区别是什么？

4. 如何进行程序设计，过程是什么？

二、选择

1. 在定义函数时，函数体必须使用一对(　　)作为定界符。

A. ()　　　B. " "　　　C. <>　　　D. {}

2. 下列叙述错误的是(　　)。

A. C语言是一种支持结构化程序设计的语言

B. 算法的概念与程序的概念相同

C. 结构化程序设计所选用的控制结构只准许一个入口和一个出口

D. 描述一个算法常见的三种方式是自然语言、流程图和伪代码

3. 使用下列的(　　),可以将C源程序转换成以二进制形式表示的目标程序。

A. 汇编程序　　B. 编译程序　　C. 解释程序　　D. 编辑程序

4. 下列叙述错误的是(　　)。

A. 注释行可单独占用一行,也可跟在语句的后面

B. 注释部分可增加程序的可读性

C. 注释部分的定界符是* *\

D. 注释部分在可执行程序中不存在

5. 下列叙述错误的是(　　)。

A. 一个C源程序可由一个或多个函数组成

B. 一条语句可分多行书写

C. C源程序必须包含一个且只能有一个main()函数

D. 多条语句不能书写在同一行

6. 下列不合法的自定义标识符是(　　)。

A. int　　B. b　　C. a3　　D. c_1

第2章　基本程序设计语句

【实验指导】

实验一　基本程序语句实验

一、实验目的

1. 本实验旨在巩固学生对数据类型、变量、运算符、输入输出语句的使用。

2. 加强学生对编程概念的理解。

二、实验内容

1. 编写程序,读入3个双精度数,求它们的平均值并保留此平均值小数点后一位数,对小数点后第二位数进行四舍五入,最后输出结果。

2. 编写一个程序,输入半径,输出其圆周长、圆面积及圆球体积。

3. 从键盘输入一个实数,输出这个实数的个位数和第一位小数的乘积,如输入42.834,则输出16。

4. 实现从键盘输入一个字符，对这个字符进行加密输出，加密方法：把字符对应 ASCII 码的最低四位二进制数取反。

【巩固与提高】

一、选择

1. 若以下选项中的变量已正确定义，则正确的赋值语句是(　　)。

A. x1=12.5%3；　B. 1+x=3；　C. x=0x12；　D. x4=1+2=3；

2. 设变量 x 为 float 型且已经赋值，则以下语句中能够将 x 中的数值保留到小数点后面两位，并将第三位四舍五入的是(　　)。

A. x=x*100+0.5/100.0　B. x=(x*100+0.5)/100.0

C. x=(int)(x*100+0.5)/100.0　D. x=(x/100+0.5)*100.0

3. 下列 C 语言中运算对象必须是整型的运算符是(　　)。

A. %　B. /　C. =　D. *=

4. 若有以下程序段：int c1=1,c2=2,c3;c3=1.0/c2*c1;则执行后，c3 中的值是(　　)。

A. 0　B. 0.5　C. 1　D. 2

5. 下列变量定义中合法的是(　　)。

A. short int_a=2.3e-1；　B. double b=1+5e2.5；

C. long do=0xfdaL；　D. float 2_and=1-e-3；

6. 在 C 语言中不合法的整数是(　　)。

A. 20　B. 0x4001　C. 08　D. 0x12ed

7. 以下选项中不正确的实型常量是(　　)。

A. 2.321E-1　B. 0.345e0.7　C. .123　D. 4.56e+2

8. 设 int i=2,j=3,k=4,a=4,b=5,c=3;，则执行表达式(a=i<j)&&(b=j>k)&&(c=i,j,k)后，c 值是(　　)。

A. 0　B. 1　C. 2　D. 3

9. 设 int a=3,b=4,c=5;，下列表达式的值不为 1 的是(　　)。

A. a+b>c&&b==c　B. a||b+c&&b-c

C. !(a>b)&&!c||1　D. !(a+b)+c-1&&b+c/2

10. 有整型变量 x，单精度变量 y=5.5，表达式 x=(float)(y*3+((int)y)%4)执行后，x 的值为(　　)。

A. 17　B. 17.500000　C. 17.5　D. 16

11. 有变量说明语句 int a,b,c;，顺序执行下面语句：

a=b=c=1；

a++||++b&&c++；

那么，变量 b 的值应是(　　)。

A. 2　B. 1　C. 0　D. 3

12. 有变量说明 int a=3;，则表达式 a<1&&--a>1 的运算结果和 a 的值应该是(　　)。

A. 0 和 2　B. 0 和 3　C. 1 和 2　D. 1 和 3

13. 以下程序的输出为(   )。

```
#include<stdio.h>
int main()
{
  double x=213.82891;
  printf("%-6.2e\n",x);
  return 0;
}
```

A. 213.82　　B. 21.38e+01　　C. 2.14e+02　　D. -2.14e2

14. 下列关于单目运算符++、--的叙述中正确的是(   )。

A. 它们的运算对象可以是任何变量和常量

B. 它们的运算对象可以是 char 型变量和 int 型变量,但不能是 float 型变量

C. 它们的运算对象可以是 int 型变量,但不能是 double 型变量和 float 型变量

D. 它们的运算对象可以是 char 型变量、int 型变量和 float 型变量

15. 有以下程序:

```
#include <stdio.h>
int main()
{
  int a=1,b=2,m=0,n=0,k;
  k=(n=b>a)||(m=a<b);
  printf("%d,%d\n",k,m);
  return 0;
}
```

程序运行后的输出结果是(   )。

A. 0,0　　B. 0,1　　C. 1,0　　D. 1,1

16. 假定有以下变量定义,则能使值为 3 的表达式是(   )。

int k=7,x=12;

A. x%=(k%=5)　　B. x%=(k-k%5)

C. x%=k-k%5　　D. (x%=k)-(k%=5)

17. 设有"int x=8;",则表达式(x++ * 1/3)的值是(   )。

A. 0　　B. 1　　C. 8　　D. 2

18. 若有语句 scanf("%d %c%f",&a,&b,&c),假设输入序列为 2223a123o.12,a、b、c 的值为(   )。

A. 无值　　B. 2223,a,123o.12

C. 2223,a,无　　D. 2223,a,123

19. 设 int x=1,y=1;,表达式(!x || y--)的值是(   )。

A. 0　　B. 1　　C. 2　　D. -1

20. 执行 x=5>1+2&&2||2 * 4<4-!0 后,x 的值为(   )。

A. －1　　　　B. 0　　　　C. 1　　　　D. 5

21. 语句“printf("%d ",(a=2)&&(b=－2));”的输出结果是(　　)。

A. 无输出　　　　B. 结果不确定　　　　C. －1　　　　D. 1

22. 设 a=2、b=3、c=4,则表达式 a+b>c&&b==c&&a||b+c&&b+c 的值为(　　)。

A. 5　　　　B. 8　　　　C. 0　　　　D. 1

23. 执行语句 scanf("%c%c%c",&c1,&c2,&c3),输入 abc 时,变量 c1、c2、c3 的值分别为(　　)。

A. 'a','b','c'　　　　B. 'a','b',''

C. 'a','','b'　　　　D. 'a','','c'

24. 若有以下定义:

int a=10,b=9,c=8;

顺序执行下列语句后,变量 b 中的值是(　　)。

c=(a－=(b－5));

c=(a%11)+(b=3);

A. 3　　　　B. 8　　　　C. 9　　　　D. 10

25. 有以下程序段:

int m=0,n=0;char c='a';

scanf("%d%c%d",&m,&c,&n);

printf("%d,%c,%d\n",m,c,n);

若从键盘上输入:10A10＜回车键＞,则输出结果是(　　)。

A. 10,A,10　　　　B. 10,a,10　　　　C. 10,a,0　　　　D. 10,A,0

26. 已定义 c 为字符型变量,则下列语句中正确的是(　　)。

A. c='97'　　　　B. c="97"　　　　C. c="a"　　　　D. c=97

27. 若有以下变量说明和数据的输入方式,则正确的输入语句为(　　)。

变量说明:float x1,x2;

输入方式:4.52＜回车＞

　　　　3.5＜回车＞

A. scanf("%f,%f",&x1,&x2);

B. scanf("%f%f",&x1,&x2);

C. scanf("%3.2f %2.1f",&x1,&x2);

D. scanf("%3.2f%2.1f",&x1,&x2);

28. sizeof(int)的结果是(　　)。

A. 2　　　　B. 4

C. 一个表达式　　　　D. 一个不合法的表达式

29. 设有语句:

int a=5,b=6,c=7,d=8,x=2,y=2,n;

n=(x=a<b)&&(y=(++c>d&&b>c));

则执行完上述语句后,n 的值为(　　)。

A. 1　　B. 2　　C. 3　　D. 0

30. 设 c1,c2 均是字符型变量,则以下不正确的函数调用为(　　)。

A. scanf("c1=%cc2=%c",&c1,&c2);

B. c1=getchar();

C. putchar(c2);

D. putchar(c1,c2);

31. 若整型变量 a、b、c、d 中的值依次为:1、4、3、2,则条件表达式 a<b? a:c<d? c:d 的值是(　　)。

A. 1　　B. 2　　C. 3　　D. 4

32. 设有定义:int x=1,y=-1;。则语句"printf("%d\n",(x--&&++y);"的输出结果是(　　)。

A. 1　　B. 0　　C. -1　　D. 2

33. 以下程序段的运行结果是(　　)。

```
#include <stdio.h>
int main()
{
  int x=3,y=2,z=1;
  printf("%d\n",x/y&~z);
  return 0;
}
```

A. 3　　B. 2　　C. -1　　D. 0

34. 在下列符号中,不属于转义字符的是(　　)。

A. \　　B. \x12　　C. \013　　D. \05

35. 语句:printf("%03d,%-3d\n",4,5);的输出为(　　)。

A. 004,5　　B. 004,　5　　C. 4,5　　D. 4,　5

36. 若变量 c 定义为 float 类型,当从终端输入 283.1900<CR>(<CR>代表回车键),能给变量 c 赋以 283.19 的输入语句是(　　)。

A. scanf("%f",c);　　B. scanf("%8.4f",&c);

C. scanf("%6.2f",&c);　　D. scanf("%8f",&c);

37. 下列程序的运行结果是(　　)。

```
#include <stdio.h>
int main()
{
  double d=3.2;
  int x,y;
  x=1.2;y=(x+3.8)/5.0;
  printf("%d\n",d * y);
  return 0;
}
```

A. 3　　B. 3. 2　　C. 0　　D. 3. 07

38. 以下程序段的运行结果是(　　)。

```
#include <stdio.h>
int main()
{
  unsigned int a,b;
  a=4|3;
  b=4&3;
  printf("%d %d\n",a,b);
  return 0;
}
```

A. 7　0　　B. 0　7　　C. 1　1　　D. 43　0

39. 语句 printf("a\bcd\'ef\'g\\\bij\n");的输出结果是(　　)。

A. a\bcd\'ef\'g\\\bij\n　　B. acd'ef'gbij\n

C. cd'ef'gij　　D. 以上均不正确

40. 若已定义 float x;要从键盘输入 6. 58 给变量 x,应选用语句(　　)。

A. scanf("%3. 2f",&x);　　B. scanf("%1. 2f",&x);

C. scanf("%4. 3f",&x);　　D. scanf("%f",&x);

41. 若已定义 int a=2,b=3;要实现输出内容为:2+3=5,应使用语句(　　)。

A. printf("a+b=%d\n",a+b);

B. printf("a+b=a+b\n");

C. printf("%d+%d=a*b\n",a,b);

D. printf("%d+%d=%d",a,b,a+b);

42. 以下程序段的运行结果是(　　)。

```
int a=15,b=6,c;
c=a^b;
printf("a=%d,b=%d,c=%d\n",a,b,c);
```

A. a=15,b=6,c=9　　B. a=15,b=6,c=21

C. a=6,b=15,c=9　　D. a=6,b=15,c=21

43. 以下程序段的运行结果是(　　)。

```
int a=6,b=5,c;
c=(a>>1)|(b<<1);
printf("a=%d,b=%d,c=%d\n",a,b,c);
```

A. a=6,b=5,c=11　　B. a=3,b=5,c=11

C. a=3,b=10,c=13　　D. a=3,b=5,c=5

44. 以下程序段的运行结果是(　　)。

```
int a,b=3;
a=b<<2;
```

```
printf("a=%d,b=%d\n",a,b);
```

A. a=12,b=3　　B. a=12,b=12

C. a=3,b=3　　D. a=3,b=12

45. 以下程序段运行后，变量 a,b,c 的值分别是(　　)。

```
int a,b=4,c=5;
a=b&c;
```

A. 5,4,5　　B. 4,4,5　　C. 5,4,4　　D. 5,5,5

二、填空

1. 请在横线处填上适当语句，使程序能得出正确结果。

```
#include<stdio.h>
________
int main()
{
    double s,r;
    scanf("%lf",&r);
    s=PI*r*r;
    printf("%lf",s);
    return 0;
}
```

2. 有如下程序：

```
#include <stdio.h>
int main()
{
    int y=3,x=3,z=1;
    printf("%d %d\n",(++x,y++),z+2);
    return 0;
}
```

运行该程序的输出结果是________。

3. 以下程序运行时，若从键盘输入：10 20 30<回车>，输出结果是________。

```
#include <stdio.h>
int main()
{
    int i=0,j=0,k=0;
    scanf("%d%*d%d",&i,&j,&k);
    printf("%d%d%d\n",i,j,k);
    return 0;
}
```

4. 输入"12345,xyz"，下列程序输出的结果是________。

```
int main()
{
  int x;char y;
  scanf("%3d%3c",&x,&y);
  printf("%d,%c",x,y);
  return 0;
}
```

5. 读程序段：

```
int a=-5;a=a|0337;printf("%d,%o\n",a,a);
```

以上程序段输出结果是________。

6. 以下程序的运行结果是________。

```
#include <stdio.h>
int main()
{
  int i=8,j=9,m,n;
  m=++i;
  n=j++;
  printf("%d,%d,%d,%d\n",i,j,m,n);
  return 0;
}
```

7. 以下程序的输出结果是________。

```
#include <stdio.h>
int main()
{
  int k,i=0,j=2;
  k=i++&&j++;
  printf("%d,%d,%d\n",i,j,k);
  return 0;
}
```

8. 以下程序的运行结果是________。

```
#include<stdio.h>
int main()
{
  int a=4,b=6,c=5;
  c=a<b ? a:b;
  printf("%d", ,c)
  return 0;
}
```

9. 下列程序段的运行结果是________。(注:字母'0'的 ASCII 值为 48)

```
int a = 48;
char c='9';
printf("%c-%c=%d\n",c,a,c-a);
```

10. 下列程序的运行结果是________。

```
#include<stdio.h>
#define M 5
#define N M+1
#define NN N * M
int main()
{
  printf("%d\n",2 * NN);
  return 0;
}
```

三、编程

1. 编写一个简单的 C 程序,输出以下信息:

```
**************
  C program!
```

2. 编写一个程序,输入一个弧度值,并将其换算成角度值(度、分、秒的形式)输出。

提示:设 x 为弧度,则对应的角度为 180 * x/π,其整数部分为度数,余下的部分乘 60,其整数部分为分数,再将余下的部分乘 60,其整数部分为秒数。

3. 对任意输入的一个字符二进制最低 4 位进行加密,然后解密,输出加密解密的结果。

4. 实现从键盘输入一个 4 位整数,分别输出这个整数的千位、个位、十位和百位。

5. 编写程序实现,从键盘输入弧度 x,计算 $\text{fun}(x)=((\sin 3x) * e^{x} + x^{8} - \text{tg}2x)/|1.53x+\cos 5x|$,并将结果输出。

第 3 章　选择结构程序设计

【实验指导】

实验一　选择结构应用

一、实验目的

1. 掌握关系运算符和关系表达式的使用。
2. 掌握逻辑运算符和逻辑表达式的使用。

3. 掌握 if 语句和 switch 语句的使用。

4. 具备运用条件选择结构解决实际问题的能力。

二、实验内容

1. 医务工作人员经过广泛的调查和统计分析，根据身高和体重给出了一下按照体指数进行体型判断的方法：

$t=w/h^2$（其中 t 代表体指数，w 代表体重，单位为公斤，h 代表身高，单位为米）

当 $t<18$ 时，为体重过轻；

当 $18<=t<25$ 时，则为正常体重；

当 $25<=t<27$ 时，则体重过重；

当 $t>=27$，则为肥胖。

从键盘输入身高 h 和体重 w，根据上述给定的公式计算体指数后判断属于哪种体型。

【巩固与提高】

一、选择

1. 在结构化程序设计中，使用的三种基本控制结构是（　　）。

A. 顺序结构、循环结构和嵌套结构

B. 选择结构、循环结构和函数结构

C. 顺序结构、选择结构和文件结构

D. 顺序结构、选择结构和循环结构

2. 以下程序运行后的输出结果是（　　）。

```
#include<stdio.h>
int main()
{
  int m,n=1,t=1;
  if(t!=1) t=-t;
  else m=(n>=0? 6:3);
  printf("%d\n",m);
  return 0;
}
```

A. −1　　　　B. 0　　　　C. 3　　　　D. 6

3. 若已定义：int a=5,b=3;，以下程序运行后的输出结果是（　　）。

```
if(a>b)
{
  a=b;
  b=a;
}
else
```

```
{
  a++;
  b++;
}
printf("%d,%d\n",a,b);
```

A. 3， 3　　B. 6， 4　　C. 无法运行　　D. 4， 4

4. 以下程序运行后的输出结果是(　　)。

```
#include<stdio.h>
int main()
{
  int a=5;
  if(a++>5) printf("%d\n",a);
  else printf("%d\n",a++);
  return 0;
}
```

A. 6　　B. 7　　C. 5　　D. 4

5. 若已定义：int x=0,a=1,b=2;下列(　　)不能构成一条 if 语句。

A. if(x>0) a=b; else a=-b;　　B. if(x==0) a=1:b=2;

C. if(x=0);else a=-b;　　D. if(x<0);

6. 以下程序运行后的输出结果是(　　)。

```
#include<stdio.h>
int main()
{
  int a=5,b=2,c=3,d=4;
  if(a>b>c) printf("%d\n",d);
  else if(c-1>=d) printf("%d\n",d+1);
  else printf("%d\n",d+2);
  return 0;
}
```

A. 2　　B. 3　　C. 4　　D. 6

7. 以下程序运行后的输出结果是(　　)。

```
#include<stdio.h>
int main()
{
  int n=1;
  switch(n)
  {
    default:printf("%d",n++);
```

```
    case 8:
    case 7:printf("%d\n",n);break;
    case 6:printf("%d\n",n++);
    case 5:printf("%d\n",n);
  }
  return 0;
}
```

A. 2 1　　　　B. 2 0　　　　C. 1 0　　　　D. 1 2

8. 为表示关系 x≥y≥z,应使用C语言表达式(　　)。

A. (x>=y)&&(y>=z)

B. (x>=y)AND(y>=z)

C. (x>=y>=z)

D. (x>=y) &(y>=z)

9. 若有条件表达式(exp)? a++: b--,则以下表达式中能完全等价于表达式(exp)的是(　　)。

A. (exp==0)　　　　B. (exp!=0)　　　　C. (exp==1)　　　　D. (exp!=1)

10. 运行下面程序时,若从键盘输入数据为"6,5,7<CR>",则输出结果是(　　)。

```
#include <stdio.h>
int main()
{
  int a,b,c;
  scanf("%d,%d,%d",&a,&b,&c);
  if(a>b)
  {
    if(a>c)
      printf("%d\n",a);
    else
      printf("%d\n",c);
  }
  else
  {
    if(b>c)
      printf("%d\n",b);
    else
      printf("%d\n",c);
  }
  return 0;
}
```

A. 5　　B. 6　　C. 7　　D. 不定值

11. 运行下面程序时,若从键盘输入数据为"123",则输出结果是(　　)。

```
#include <stdio.h>
int main()
{
  int num,i,j,k,place;
  scanf("%d",&num);
  if(num>99)
    place=3;
  else if(num>9)
    place=2;
  else
    place=1;
  i=num/100;
  j=(num-i*100)/10;
  k=(num-i*100-j*10);
  switch(place)
  {
    case 3: printf("%d%d%d\n",k,j,i); break;
    case 2: printf("%d%d\n",k,j); break;
    case 1: printf("%d\n",k);
  }
  return 0;
}
```

A. 123　　B. 1,2,3　　C. 321　　D. 3,2,1

12. 若执行下面的程序从键盘上输入 9,则输出结果是(　　)。

```
#include <stdio.h>
int main()
{
  int n;
  scanf("%d",&n);
  if(n++<10) printf("%d\n",n);
  else printf("%d\n",n--);
  return 0;
}
```

A. 11　　B. 10　　C. 9　　D. 8

13. 以下程序段运行结果是(　　)。

```
int x=1,y=1,z=-1;
```

```
x+=y+=z;
printf("%d\n",x<y? y:x);
```

A. 1　　B. 2　　C. 4　　D. 不确定的值

14. 为了避免嵌套的 if-else 语句的二义性，C 语言规定 else 总是与(　　)组成配对关系。

A. 缩排位置相同的 if　　B. 在其之前未配对的 if

C. 在其之前尚未配对的最近的 if　　D. 同一行上的 if

15. 如果 c 为字符型变量，判断 c 是否为空格不能使用(　　)。(假设已知空格 ASCII 码为 32)

A. if(c=='32')　　B. if(c==32)　　C. if(c=='\40')　　D. if(c==' ')

16. 下列叙述中正确的是(　　)。

A. break 语句只能出现在 switch 语句中

B. 在 switch 语句中必须使用 default

C. break 语句必须与 switch 语句中的 case 配对使用

D. 在 switch 语句中，不一定使用 break 语句

17. 有以下程序：

```
#include <stdio.h>
int main()
{
  int a=1,b=1,m=0,n=0;
  switch (a)
  {
    case 1:
    switch(b)
    {
      case 1: m++;
      case 2 :n++; break;
    }
    case 2: m++; n++; break;
    case 3: m++; n++;
  }
  printf("m=%d,n=%d\n",m,n);
  return 0;
}
```

程序的运行结果是(　　)。

A. m=2, n=2　　B. m=2, n=1　　C. m=1, n=1　　D. m=1, n=2

18. 有以下程序：

```
#include <stdio.h>
```

```
int main()
{
  int a=0,b=1;
  if(a) b++;
  else if(a==0)
    if(b)
      b+=2;
    else
      b+=3;
  printf("%d\n",b);
  return 0;
}
```

程序的运行结果是(　　)。

A. 3　　B. 4　　C. 1　　D. 0

19. 有以下程序段:

```
int x=3,y=2,z=1;
if(x>y) z=x;x=y;y=z;
printf("x=%d y=%d z=%d\n",x,y,z);
```

程序的输出结果是(　　)。

A. x=2 y=3 z=1　　B. x=2 y=3 z=3

C. x=1 y=2 z=3　　D. x=2 y=1 z=3

20. 有如下程序:

```
#include <stdio.h>
int main()
{
  int x=0, y=1;
  if(x++&& y++)
    printf("YES");
  else
    printf("x=%d,y=%d\n", x, y);
  return 0;
}
```

程序运行后的输出结果是(　)。

A. YES　　B. x=0,y=1　　C. x=1,y=1　　D. x=1,y=2

二、填空

1. 若有条件“2<x<3 或 x<−10”,其对应的 C 语言表达式是________。

2. 设 a,b,t 为整型变量,初值为 a=7,b=9,执行完语句 t=(a>b)? a:b 后,t 的值是________。

3. 以下程序的功能是：输出 x，y，z 三个数中的最大者。请填空。

```
#include <stdio.h>
int main()
{
  int x=4,y=6,z=7;
  int u,v;
  if(________)
     u=x;
  else u=y;
  if(________)
     v=u;
  else
     v=z;
  printf("v=%d",v);
  return 0;
}
```

4. 阅读如下程序，输出结果是________。

```
#include<stdio.h>
int main()
{
  int i;
  for(i=3;i<=5;i++)
     printf((i%2)?"**%d":"##%d\n",i);
  return 0;
}
```

5. 阅读如下程序，输出结果为________。

```
#include<stdio.h>
int main()
{
  int n;
  for(n=1;n<=5;n++)
  {
     if(n%2)
        printf("*");
     else
        continue;
     printf("#");
  }
```

```
    printf("$\n");
    return 0;
}
```

6. 判断从键盘输入的字符是大写字母、小写字母、空格、数字字符还是其他字符。

```
#include <stdio.h>
int main()
{
    char ch;
    ch=getchar();
    if(________)
      printf("%d 是一个大写字母\n",ch);
    else if(________)
      printf("%d 是一个小写字母\n",ch);
    else if(________)
      printf("%d 是一个空格\n",ch);
    else if(________)
      printf("%d 是一个数字字符\n",ch);
    else
      printf("%d 是其他类型字符\n",ch);
    return 0;
}
```

第 4 章　循环结构程序设计

【实验指导】

实验一　循环结构应用

一、实验目的

1. 掌握循环结构在程序设计中的使用。
2. 熟练掌握 while,do…while,for 循环语句的使用。
3. 熟练掌握使用循环和嵌套的方法解决实际问题的技能。

二、实验内容

1. 古代《张丘建算经》中有一道百鸡问题:鸡翁一,值钱五;鸡母一,值钱三;鸡雏三,值钱一。百钱买百鸡,问鸡翁、鸡母、鸡雏各几何? 解释成现代文为:公鸡每只 5 元,母鸡每只 3

元，小鸡 3 只 1 元。请用穷举法编程计算，若用 100 元买 100 只鸡，则公鸡、母鸡和小鸡各能买几只。

2. 编程输出如下形式的九九乘法表

```
1   2   3   4   5   6   7   8   9
—   —   —   —   —   —   —   —   —
1
2   4
3   6   9
4   8   1   2   1   6
5   10  15  20  25
6   12  18  24  30  36
7   14  21  28  35  42  49
8   16  24  32  40  48  56  64
9   18  27  36  45  54  63  72  81
```

【巩固与提高】

一、选择

1. 以下程序运行后的输出结果是(　　)。

```
int m,n;
for(m=10,n=2;n<=4;n++)
{
  m+=n;
  printf("%d",m);
}
```

A. 13　16　19　　　　B. 12　27　46

C. 13　15　18　　　　D. 12　15　19

2. 以下程序运行后的输出结果是(　　)。

```
#include<stdio.h>
int main()
{
  int i,j,s=0;
  for(i=1;i<=2;i++)
  {
    s++;
    for(j=1;j<=3;j++)
    {
      if(j%2==0) break;
```

```
            s+=2;
          }
        }
        printf("s=%d\n",s);
        return 0;
      }
```

A. s=5　　B. s=2　　C. s=7　　D. s=6

3. 以下程序运行后的输出结果是(　　)。

```
int x=4;
do
{
   printf("%d",x--);
}while(!(x--==3));
```

A. 死循环　　B. 3 0　　C. 4 -1　　D. 4 0

4. 设 int a=0,b=5;执行表达式++a||++b,a+b 后,a,b 和表达式的值分别是(　　)。

A. 1,5,7　　B. 1,6,7　　C. 1,5,6　　D. 0,5,7

5. 设 i 和 k 都是 int 类型,则以下 for 循环语句(　　)。

```
for(i=0,k=-1; k=1; i++,k++)
   printf("****\n");
```

A. 判断循环结束的条件不合法

B. 是无限循环

C. 循环体一次也不执行

D. 循环体只执行一次

6. 以下程序段的运行结果为(　　)。

```
int a=1,b=2,c=2,t;
while(a<b)
   {t=a;a=b;b=t;c--;}
printf("%d,%d,%d\n",a,b,c);
```

A. 1,2,0　　B. 2,1,0　　C. 1,2,1　　D. 2,1,1

7. while 和 do-while 循环的主要区别是(　　)。

A. do-while 的循环体至少无条件执行一次

B. while 的循环控制条件比 do-while 的循环控制条件严格

C. do-while 允许从外部转到循环体内

D. do-while 的循环体不能是复合语句

8. 对 for(表达式 1;;表达式 3)可理解为(　　)。

A. for(表达式 1;0;表达式 3)

B. for(表达式 1;1;表达式 3)

C. for(表达式 1;表达式 1;表达式 3)

D. or(表达式 1;表达式 3;表达式 3)

9. 在 C 语言编程中,以下正确的描述是(　　)。

A. continue 语句的作用是结束整个循环的执行

B. 只能在循环体内和 switch 语句体内使用 break 语句

C. 在循环体内使用 break 语句或 continue 语句的作用相同

D. 从多层循环嵌套中退出,只能使用 goto 语句

10. continue 语句功能描述错误的是(　　)。

A. 终止当前所在的循环

B. 结束本轮循环,开始下一轮循环

C. 跳过循环体下面的语句

D. 只能用在 3 种循环语句的循环体中

11. 以下程序段的运行结果是(　　)。

```
for(i=1;i<=5;)
  printf("%d",i);
i++;
```

A. 12345　　B. 1234　　C. 15　　D. 无限循环

12. 以下程序的运行结果是(　　)。

```
#include<stdio.h>
int main()
{
  int a,b;
  a=-1;
  b=0;
  do {
    ++a;
    ++a;
    b+=a;
  } while(a<9);
  printf("%d\n",b);
  return 0;
}
```

A. 34　　B. 24　　C. 26　　D. 25

13. 有以下程序:

```
#include <stdio.h>
int main()
{
  int a=10;
  for(;a>0;a--)
```

```
    if(a%2==0)
      printf("%d",--a);
  return 0;
}
```

程序的运行结果是(　　)。

A. 8642　　B. 98642　　C. 841　　D. 97531

14. 以下不构成无限循环的语句或语句组是(　　)。

A. x=5;
   while(x); {x--; }

B. x=0;
   do{x++; } while(x);

C. x=0;
   do{++x; } while (x<= 0);

D. x=0;
   for(i=1; ; i++) x+=i;

15. 有以下程序:

```
#include<stdio.h>
int main()
{
  int x=1;
  for(;x<10;x++ )
  {
    if(x%3)
    {
      printf("%d",x++);continue;
    }
    printf("%d",++x);
  }
  return 0;
}
```

程序的运行结果是(　　)。

A. 3 6 9　　B. 1 3 5 7 9　　C. 2 4 6 8 10　　D. 1 4 5 7 10

16. 有以下程序:

```
#include <stdio.h>
int main()
{
  int i,j;
  for(i=1;i<4;i++)
  {
    for(j=i;j<4;j++) printf(" * ");
    printf("\n");
  }
```

```
  return 0;
}
```

程序的运行结果是(　　)。

```
A. * * *          B. * * *          C. *              D. * * * * * *
   * *               * * *             * *
   *                 * * *             * * *
```

二、改错(请修改一对//之间的语句)**

1. 程序的功能是:输出100～200之间所有能被3和5同时整除的整数,并统计其个数。修改程序中的错误,使程序正确执行。

```
#include <stdio.h>
int main()
{
  int i,counter=/**/ 1 /**/;
  for(i=100;i<=200;i++)
    if(/**/(i%3)&&(i%5) /**/)
    {
      printf("%-5d",i);
      counter++;
    }
  printf("\ncounter=%d\n",counter);
  getch();
  return 0;
}
```

2. 修改程序,使函数my_add(int n)返回如下数列前n项之和。

$\frac{1}{5},\frac{3}{8},\frac{5}{11},\frac{7}{14},\frac{9}{17},\cdots,\frac{2n-1}{2+3n}$

如:n=9时,my_add(9)=4.33730

```
#include<stdio.h>
/**/ my_add(int n) /**/
{
  double sum=0.0;
  int i;
  for(i=1;i<=n;i++)
  {
    sum+=(2*i-1)/(2+/**/ 3*i /**/);
  }
  return(/**/ 0 /**/);
}
```

```
void main()
{
   printf("my_add(9)=%11.5lf\n",my_add(9));
   getch();
}
```

三、填空

1. 补充程序 Ccon591.C,计算 $k=1\times4\times7\times10\times\cdots\times25$ 的值。

```
#include <stdio.h>
int main()
{
   long int k;
   int i;
   k=________;
   for(i=1;________;i+=3)
      ________;
   printf("\nk=%ld",k);
   getch();
   return 0;
}
```

2. 以下程序的运行结果是________。

```
#include <stdio.h>
int main()
{
   int i=1,s=3;
   do{
      s+=i++;
      if(s%7==0)
         continue;
      else
         ++i;
   } while(s<15);
   printf("i=%d\n",i);
   return 0;
}
```

3. 以下程序的运行结果是________。

```
#include <stdio.h>
int main()
{
```

```
    int s=0,k;
    for(k=7;k>=0;k--)
    {
        switch(k)
        {
            case 1:
            case 4:
            case 7: s++; break;
            case 2:
            case 3:
            case 6: break;
            case 0:
            case 5: s+=2; break;
        }
    }
    printf("s=%d\n");
    return 0;
}
```

4. 以下程序的运行结果是________。

```
#include<stdio.h>
int main()
{
    int i,x,y;
    i=x=y=0;
    do {
        ++i;
        if(i%2!=0)
            {x=x+i;i++;}
        y=y+i++;
    } while(i<=7);
    printf("x=%d,y=%d\n",x,y);
    return 0;
}
```

5. 以下程序的运行结果是________。

```
#include<stdio.h>
int main()
{
    int i,sum=0;
```

```
    for(i=1;i<=10;i++)
      if(i%3!=0)
        sum=sum+i;
    printf("%d\n",sum);
    return 0;
}
```

6. 以下程序的运行结果是________。

```
#include <stdio.h>
int main()
{
    int day=0,x1=1020,x2;
    while(x1)
    {
      x2=x1/2-2;
      x1=x2;
      day++;
    }
    printf("day=%d\n",day);
    return 0;
}
```

7. 以下程序的功能是求1000以内的所有完全数。请填空。(说明:一个数如果恰好等于它的因子之和(除自身外),则称该数为完全数。例如:6=1+2+3,6为完全数)

```
#include <stdio.h>
int main()
{
    int a,k,m;
    for(a=1;a<=1000;++)
    {
      for(m=0,k=1;k<=a/2;k++)
      if(!(a%k))
        if(________)
          printf("%4d",a);
    }
    return 0;
}
```

8. 以下程序的运行结果是________。

```
#include <stdio.h>
int main()
```

```
{
  int a,b;
  for(a=1,b=1; a<=100; a++)
  {
    if(b>=20) break;
    if(b%3==1)
    {
      b+=3;
      continue;
    }
    b-=5;
  }
  printf("%d\n",a);
  return 0;
}
```

9. 函数 pi 的功能是根据以下近似公式求 π 值：(π * π)/6=1+1/(2 * 2)+1/(3 * 3)+…+1/(n * n) 请填空，完成求 π 的功能。

```
#include <math.h>
int main()
{
  double s=0.0;
  int i,n;
  scanf("%ld",&n);
  for(i=1;i<=n;i++)
  {
    s=s+________;
    s=________;
  }
  printf("s=%e",s);
  return 0;
}
```

10. 以下程序是计算 n 个数的平均值，请补充程序。

```
#include<stdio.h>
int main()
{
  int i,n;
  float x,avg=0.0;
  scanf("%d",&n);
```

```
    for(i=0;i<n;i++)
    {
      scanf("%f",&x);
      avg=avg+________;
    }
    avg=________;
    printf("avg=%f\n",avg);
    return 0;
}
```

第5章　数组程序设计

【实验指导】

实验一　数组的基本操作

一、实验目的

1. 熟悉数组的定义和引用，以及一维数组和二维数组的操作。

2. 能够把数组概念从抽象的数学模型中移植到实际代码中。

二、实验内容

1. 数组 a[12]中数据满足以下特点：a[n]=a[n－1]+a[n－2]+1。现在 a[0]=－6，a[1]=0，请编程输出数组后边各元素的值。

2. 打印魔方阵。魔方阵是一个 N＊N 的矩阵；该矩阵每一行、每一列、对角线之和都相等。如：

$$\begin{pmatrix} 8 & 1 & 6 \\ 3 & 5 & 7 \\ 4 & 9 & 2 \end{pmatrix}$$

魔方阵计算规律(行，列以 1 开始)：

(1)将“1”放在第一行，中间一列。

(2)从 2 开始至 N＊N 各数按如下规律：每一个数存放的行比上一个数的行减 1；每一个数存放的列比上一个数的列加 1。

(3)当一个数行为 1，下一个数行为 N。

(4)当一个数列数为 N，下一个数列数为 1，行数减 1。

(5)若按上述规则确定的位置有数字，或上一个数位第 1 行第 N 列，下一个数字位置为上一个数的正下方(即行数加 1，列数不变)。

【巩固与提高】

一、选择

1. 对语句 int x[6]={4,3,2}; 解释正确的是(　　)。

A. 将 3 个初值依次赋给 x[0]到 x[2],其余元素均为 0

B. 将 3 个初值依次赋给 x[1]到 x[3],其余元素均为 0

C. 将 3 个初值依次赋给 x[2]到 x[4],其余元素均为 0

D. 将 3 个初值依次赋给 x[3]到 x[5],其余元素均为 0

2. 二维数组存放顺序是(　　)。

A. 按行优先　　B. 按列优先

C. 用户自定义　　D. 既可以按行也可以按列优先

3. 如果定义数组 a[5][3],下列合法引用该数组的方式是(　　)。

A. a[3][]　　B. a[5][1]　　C. a[ ][1]　　D. a[2][2]

4. 如果定义 a[][3]={10,11,12,13,14,15,16};,下列叙述正确的是(　　)。

A. 数组 a 行数为 10　　B. 数组 a 包含 9 个元素

C. 数组 a 第一维大小是不定值　　D. 元素 a[1][1] 为 13

5. 已知 char str1[20]="China",str2[10]="USA",执行下列语句后的结果是(　　)。

```
strcat(str1,str2);
printf("%s",str1);
```

A. USAChina　　B. China　　C. USA　　D. ChinaUSA

6. 下列不能对二维数组 a 进行正确初始化的语句是(　　)。

A. int a[2][3]={{1,2},{3,4},{5,6}};

B. int a[2][3]={0};

C. int a[ ][3]={{1,2,3,4,5};

D. int a[ ][3]={{1,2},{0}};

7. 若已定义:int a[]={3,4,5};,可用表达式(　　)表示数组 a 的元素个数。

A. sizeof(a[]);　　B. sizeof(int)/sizeof(a).;

C. sizeof(a)./sizeof(int);　　D. sizeof(a)./int;

8. 若已定义:int a[][4]={{1,2,3},{4,5},{6,7,8,9},{10,11},{12}};,则数组 a 第一维大小是(　　)。

A. 4　　B. 5　　C. 6　　D. 7

9. 以下程序运行后的输出结果是(　　)。

```
#include<stdio.h>
int main()
{
   int a[3][3]={2,1,3,6,7,5,10,9,8},i,sum=0;
   for(i=0;i<3;i++)
     sum+=a[i][i];
```

```
    printf("%d",sum);
    return 0;
}
```

A. 17　　B. 18　　C. 19　　D. 20

10. 下列叙述中正确的是(　　)。

A. 可以对字符串进行关系运算

B. 两个连续的单引号('')是合法的字符常量

C. 两个连续的双引号("")是合法的字符串常量

D. 空字符串不占用内存,其内存空间大小是 0

11. 以下程序运行后的输出结果是(　　)。

```
#include <stdio.h>
void main()
{
    int i,j;
    int a[4][2]={{1,0},{0},{2,9},{3}};
    for(i=0;i<2;i++)
      for(j=0;j<3;j++)
      {
        printf("%d,",a[j][i]);
      }
    printf("\n");
}
```

A. 1,0,0,2,9,3　　B. 1,0,2,0,0,9　　C. 1,0,2,3,0,0　　D. 1,0,0,0,2,9

12. 若已定义 char s[20]="service!!";,则函数 strlen(s)的值是(　　)。

A. 20　　B. 9　　C. 8　　D. 6

13. 以下程序段的运行结果是(　　)。

```
char a[]="abcefg",b[]="bmn";
int i;
for(i=0;i<3;i++)
  a[i]=b[i];
puts(a);
```

A. bmnabc　　B. mn　　C. bmnefg　　D. abcbmn

14. 若已定义:b[]={1,2,3,4,5,6,7,8,9,10};,则 b[b[5]-b[7]/b[1]]的值是(　　)。

A. 4　　B. 2　　C. 10　　D. 3

15. 若已定义 char str[20]={'a','b','c','\0','?','\0'}; 执行语句 printf("%s",str); 后的输出结果是(　　)。

A. abcd　　B. abc　　C. ab\0cd　　D. ab\0cd\0

16. 若已定义 char a[10],b[10]="paper!";,使数组 a 存储"paper!"的语句是(　　)。

A. strcpy(b,a);

B. strcpy(a,b);

C. strcat(b,a);

D. strcat(a,b);

17. 无法输出字符串"for"的程序段是(　　)。

A. char a[ ]={'f','o','r','\0'};puts(a);

B. char a[4]={'f','o',0,'r'};puts(a);

C. char a[ ]={'f','o','r',0};puts(a);

D. char a[4]={'f','o','r','0'-48};puts(a);

18. 字符数组 c 和 d 中存储了两个字符串,判断字符串 c 和 d 是否相等,应当使用的是(　　)。

A. if(strcmp(c,d)==0)　　B. if(c==d)

C. if(c=d)　　D. if(strcpy(c,d))

二、填空

1. 以下程序段的执行结果是________。

```
char a[]="hopeful";
char b[]="wish";
strcpy(a,b);
printf("%c",a[1]);
```

2. 若已定义:int s[3][3]={{11,21},{10},{3}};则 s[2][1]的值为________。

3. 设已定义 char s[ ]="\"Name\\Address\023\n";,则字符串所占的字节数是________。

4. 以下程序段的运行结果是________。

```
int m[]={3,8,2,18,1,28},i=1;
do
{
  m[i]-=2;
}while(m[i++]>4);
for(i=0;i<6;i++)
  printf("%d",m[i]);
```

5. 若已定义:char s[20] ="0\t\nA011\101";,则函数 strlen(s)的值是______。

6. 以下程序运行结果是________。

```
#include <stdio.h>
#include<string.h>
int main(void)
{
  char a[3][20]={{"C programming"},{"Summer Palace"},{"China dragon"}};
  strcpy(a[1],a[0]);
```

```
    puts(a[1]);
    if(strcmp(a[1],a[2])<0)
      printf("\n%s\n",a[2]);
    return 0;
  }
```

7. 对输入的一行字符串中的各字符(输入的字符个数不超过80),若其为大写字母,将其转换为对应的小写字母;若其为小写字母,将其转换为对应的大写字母;若其为其他字符,则保持不变。输出转换后的字符串。例如:

输入:Beautiful Girl

输出:bEAUTIFUL gIRL

将以下程序补充完整:

```
#include <stdio.h>
#include <conio.h>
int main()
{
  char s[80];
  int i;
  printf("Please input a string:");
  for(i=0;(s[i]=getchar())!='\n';i++)
    ;
  s[i]='\0';
  i=0;
  while(s[i])
  {
    if(________)
      s[i]=s[i]-32;
    else if(________)
      s[i]=s[i]+32;
    ________;
  }
  for(i=0;s[i]!=________; i++)
    putchar(s[i]);
  getch();
  return 0;
}
```

8. 下列代码的功能是将二维数组转化为一维数组,即按行将二维数组的元素存入一维数组。

```
#include <stdio.h>
```

```
#include <conio.h>
#define N 3
int main()
{
  int aa[N][N]={11,12,13,-14,-15,-16,17,-18,19},bb[N*N],i;
  ________;
  for(i=0;________; i++)
    for(j=0;j<N;j++)
      bb[k++]=________;
  for(i=0;i<N*N;i++)
    printf("%d",bb[i]);
  printf("\n");
  getch();
  return 0;
}
```

9. 以下程序完成的功能是:把数组下标是偶数的元素全部加 x,其他元素加 y。x 和 y 的值在运行时随机输入。

```
#include<stdio.h>
int main()
{
  int a[10]={21,2,33,24,5,16,27,1,13,9},x,y,i;
  printf("Input x,y:");
  scanf("%d,%d",&x,&y);
  for(i=0; i<10;i++)
  {
    if(________==0)
      a[i]=a[i]+x;
    else
      a[i]=a[i]+________;
  }
  for(i=0;i<10;i++)
    printf("%d",a[i]);
  printf("\n");
  return 0;
}
```

10. 该程序实现字符串加密,串中每个字符 ASCII 码最后 3 位取反,然后输出加密后的串。

```
#include <stdio.h>
```

```
int main()
{
  char s[20];
  int i;
  printf("Please input a string:");
  scanf(________,s);
  i=0;
  while(s[i])
  {
    s[i]=________;
    ________;
  }
  printf("\n Target string: %s\n",s);
  return 0;
}
```

三、改错(请修改一对//之间的语句)**

1. 求二维数组 a 表示的 N * N 矩阵中主对角线(行列下标相同)元素平均值。请修改程序中的错误。

```
#include <stdio.h>
#include <conio.h>
#define N 3
int main()
{
  int a[N][N]={5,4,3,2,1,0,-1,-2,-3};
  int /**/ sum=1 /**/,i,j;
  for(i=0;i<N;i++)
    /**/ sum+=a[N][N] /**/;
  printf("The average is %f\n",1.0 * sum/N);
  getch();
  return 0;
}
```

2. 实现从键盘输入两个字符串,输出后一字符串在前一字符串中首次出现的位置(即第几个字符,若字串不存在,则位置取 0),请修改程序中的错误。

```
#include <stdio.h>
#include <string.h>
int main()
{
  int i,j,k,position=0;
```

```
    char str1[80],str2[80];
    printf("Input Main String:");
    gets(str1);
    printf("Input Sub String:");
    /**/ str2=gets()  /**/;
    for(i=0; /**/ str1[i]='\0' /**/; i++)
    {
      for(j=i,k=0;(str1[j]==str2[k])&&(str1[j]!='\0'); j++,k++)
        ;
        if(str2[k]=='\0')
        {
          position=i+1;
          /**/ continue /**/;
        }
    }
    printf("\nIt's at:%d\n",position);
    getch();
    return 0;
}
```

3. 将字符串所含小写字母依次存入数组 b 并输出,若不含小写字母,则输出 Null。请修改程序中的错误。

```
#include <stdio.h>
#include <conio.h>
#include <string.h>
int main()
{
    char str[100],b[100];
    int i,j;
    printf("Input source string: ");
    gets(str);
    i=j=0;
    while(str[i]!='\0')
    {
      if(str[i]>='a' && /**/ str[i]<='Z' /**/)
      {
        b[j]=str[i];
        /**/ j=+1; /**/
      }
```

```
        i++;
    }
    b[j]=/**/ '0' /**/;
    if(j>0)
        puts(b);
    else
        printf("Null\n");
    getch();
    return 0;
}
```

4. 输入一个十进制的正整数,利用"除以 8 取余"法将其以八进制的形式输出。例如:

输入:100

输出:144

请修改程序中的错误。

```
#include<stdio.h>
int main()
{
    int x,/**/ i=1 /**/,j;
    char a[16];
    do{
        printf("Enter a decimal positive number:");
        scanf("%d",&x);
    }while(x<=0);
    while(x!=0)
    {
        a[i]='0'+ /**/ x%2 /**/;
        /**/ i-- /**/;
        x=x/8;
    }
    printf("Octal number is :");
    for(j=i-1;j>=0; j--) putchar(a[j]);
    putchar('\n');
    return 0;
}
```

第6章 函数

【实验指导】

实验一 函数的定义与调用

一、实验目的

1. 掌握函数定义的方法。

2. 掌握函数实参与形参的对应关系及参数传递方式。

二、实验内容

1. 自定义函数 max,实现求出三个数中的最大值,并在主函数中调用该函数,求出任意输入的三个数中的最大值。

提示:max 函数可以用三个参数或两个参数。

2. 在主函数中定义二维数组 A[3][4],B[4],用子函数对数组 A[3][4]每一行求和,其值放在数组 B[4]中,在主函数中输出该值。

实验二 函数的综合应用

一、实验目的

1. 掌握函数的嵌套调用与递归调用。

2. 掌握全局变量和局部变量、动态变量、静态变量的概念和使用方法。

二、实验内容

1. 理解以下程序中的局部变量和全局变量,关注他们的使用方式。

```
#include<stdio.h>
int a=3,b=5
int max(int a,int b)
{
   int c;
   c=a>b? a:b;
   return c;
}
int main()
{
   int a=8;
   printf("%d",max(a,b));
```

```
    return 0;
}
```

2. 用递归法将一个整数换成字符串，例如，输入 483，应输出字符串“483”。整数 n 的位数不确定，可以是任意的整数。

【巩固与提高】

一、选择

1. 下列叙述错误的是(　　)。

A. 形式参数属于局部变量

B. 形参可以是常量或表达式

C. 函数不允许嵌套定义，但函数可以嵌套调用

D. 不同函数中的局部变量可以重名

2. 函数调用中，若实参为数组，则传递给对应形参的是(　　)。

A. 0　　B. 实参数组第一个元素的值

C. 实参数组　　D. 实参数组的首地址

3. 以下程序的运行结果是(　　)。

```
#include<stdio.h>
int fun2(int x)
{
    return 2 * x;
}
int fun1(int a)
{
    return 5+fun2(a+1);
}
int main()
{
    printf("%d\n",fun1(2));
}
```

A. 11　　B. 7　　C. 10　　D. 12

4. 以下程序的运行结果是(　　)。

```
#include<stdio.h>
void fun()
{
    static int x=1;
    int y=0;
    x++;y+=2;
    printf("%d,%d \n",x,y);
```

```
}
int main()
{
  fun();
  fun();
  return 0;
}
```

A. 2,2　　B. 2,2　　C. 2,2　　D. 1,2
   4,2　　　2,2　　　3,2　　　2,2

5. 下列叙述错误的是(　　)。

A. 定义函数时,函数名前省略类型符,则默认为 int 型
B. 若函数无返回值,说明在定义函数时类型符为 void
C. 定义函数时函数名前省略类型符,则默认为 float 型
D. 定义函数时必须指明函数名

6. 下列叙述错误的是(　　)。

A. 若要定义静态类变量,在定义变量的类型名前应使用关键字 static
B. 函数体内定义的变量,若无明确其存储类型,则默认为 auto 类变量
C. 全局变量的作用域是从其定义处起至本程序结束处
D. 局部变量的作用域是从其定义处起至本程序结束处

7. 以下程序的运行结果是(　　)。

```
#include<stdio.h>
#include<conio.h>
int fun(int x)
{
  if(x==1)
    return 0;
  else
    return 2 * x;
}
int main()
{
  int i;
  for(i=1;i<=3;i++)
    printf("%3d",fun(i));
  getch();
  return 0;
}
```

A. 2　4　6　　B. 0　2　3

C. 0　4　6　　　　　　　　D. 2　3　6

8. 函数定义时使用(　　)类型符，则表示该函数无返回值。

A. void　　　B. float　　　C. empty　　　D. double

9. 以下程序的运行结果是(　　)。

```
#include<stdio.h>
#include<conio.h>
int larger(int x,int y)
{
  return x>y? x:y;
}
int main()
{
  int a=3,b=9,c=5,m,n,k;
  m=larger(a,b);
  n=larger(a,c);
  k=larger(larger(a,b),c);
  printf("%d,%d,%d\n",m,n,k);
  getch();
  return 0;
}
```

A. 9,5,9　　　B. 5,9,9　　　C. 9,9,5　　　D. 5,9,5

10. 以下程序的运行结果是(　　)。

```
fun3(int x)
{
  static int a=3;
  a+=x;
  return a;
}
main()
{
  int k=2,m=1,n;
  n=fun3(k);
  n=fun3(m);
  printf("%d\n",n);
}
```

A. 3　　　B. 4　　　C. 6　　　D. 9

11. 以下程序的运行结果是(　　)。

```
#include<stdio.h>
```

```
#include <conio.h>
void fun(int a[4][4])
{
  int i;
  for(i=0;i<4;i++)
    printf("%2d",a[1][i]);
  printf("\n");
}
int main()
{
  int a[4][4]={1,1,2,2,1,9,0,0,2,4,0,0,0,5,9,8};
  fun(a);
  getch();
  return 0;
}
```

A. 1 9 0 0　　B. 2 0 0 0　　C. 2 0 0 8　　D. 2 0 0 9

12. 以下程序的运行结果是(　　)。

```
#include<stdio.h>
#include<conio.h>
int fun(int a,int b)
{
  return(a*b);
}
int main()
{
  int x=5,y=3,k;
  k=fun(x,y);
  printf("%d×%d=%d\n",x,y,k);
  getch();
  return 0;
}
```

A. 0　　B. x×y=15　　C. 5×3=15　　D. 2

13. 以下程序的运行结果是(　　)。

```
#include<stdio.h>
#include<conio.h>
int a=4,b=6,c=5;
int fun(int a,int b)
{
```

```
    int c;
    c=a<b? a:b;
    return(c);
}
int main()
{
    int a=7;
    printf("%d",fun(fun(a,b),c));
    getch();
    return 0;
}
```

A. 5　　B. 6　　C. 0　　D. 4

14. 若已定义：

```
int fun()
{
    static int m=0;
    m++;
    return m;
}
```

以下程序段的运行结果是(　　)。

```
int i;
for(i=1;i<=2;i++)
    fun();
printf("%d",fun());
```

A. 0　　B. 1　　C. 3　　D. 2

15. 从以下调用语句可看出，函数 fun()的参数个数为(　　)。

```
fun((a,b),8);
```

A. 2　　B. 3　　C. 1　　D. 8

16. C 语言源程序由函数构成，函数则由函数的首体和(　　)两部分组成。

A. 函数体　　B. 结构体　　C. 复合语句　　D. 联合体

17. 下列叙述正确的是(　　)。

A. 声明有参函数时必须明确函数类型和参数类型

B. 函数可以返回一个值，但不能没有返回值

C. 函数的定义和调用都不可以嵌套

D. 被调用函数至少含有一个形式参数，且必须有返回值

18. 以下程序的运行结果是(　　)。

```
#include<stdio.h>
int fun(int n)
```

```
{
  if(n==1)
    return(1);
  else
    return(n*fun(n-1));
}
int main()
{
  int x;
  x=fun(2);
  printf("%d\n",x);
  return 0;
}
```

A. 1　　B. 4　　C. 3　　D. 2

19. 以下程序的运行结果是(　　)。

```
#include<stdio.h>
int func()
{
  static int m=1;
  m+=2;
  return m;
}
int main()
{
  int i;
  for(i=1;i<=3;i++)
    printf("%3d",func());
  return 0;
}
```

A. 357　　B. 333　　C. 246　　D. 222

20. 以下程序的运行结果是(　　)。

```
#include<stdio.h>
int fun(int x,int y)
{
  int z;
  z=x+y;
  x=x-10;
  return(z);
```

```
}
int main()
{
  int a=2,b=3,c;
  c=fun(a,b);
  printf("%d %d",a,c);
  return 0;
}
```

A. 2 2　　B. 2 5　　C. −8 2　　D. −8 5

21. 下列叙述错误的是(　　)。

A. C语言源程序加入一些预处理命令是为了改进程序设计环境,提高编程效率

B. 宏定义也是C语言的语句,可出现在源程序中的任意位置

C. 预处理命令行都必须以#号开始

D. 预处理命令"#define N 3"后不能加";"

22. 以下程序的运行结果是(　　)。

```
#define M 3
#define N M+5
int main()
{
  printf("%d\n",N*2);
  return 0;
}
```

A. 16　　B. 11　　C. 6　　D. 13

23. 下列程序中定义的一维数组a的长度是(　　)。

```
#define M 3+1
int main()
{
  int a[2*M];
  ⋮
  return 0;
}
```

A. 8　　B. 6　　C. 10　　D. 7

24. 下列程序的运行结果是(　　)。

```
#define K 3
int main()
{
  int a=2,b=4;
  printf("%d\n",a*(K+b));
```

```
    return 0;
}
```

A. 11　　B. 6　　C. 10　　D. 14

25. 下列程序的运行结果是(　　)。

```
#define M 5
#define N M+1
#define NN N * M
int main()
{
    printf("%d\n",2 * NN);
    return 0;
}
```

A. 60　　B. 15　　C. 20　　D. 52

26. 下列叙述错误的是(　　)。

A. 编译预处理命令必须以"#"开头

B. C 语言中 define 称为宏定义

C. 编译预处理不占用运行时间

D. 编译预处理命令必须以分号结束

27. 下列正确的#include 命令行是(　　)。

A. #include math.h　　B. #include<math.h>

C. #include { math }　　D. include"math"

28. 下列正确的宏定义命令是(　　)。

A. #define K 1024　　B. #define 1024 K

C. #define 1024 k　　D. #define K=1024

29. 下列错误的预编译处理命令是(　　)。

A. $define G 9.8

B. #include<stdio.h>

C. #define G 9.8

D. #include "stdio.h"

30. 宏定义 #define Ga 9.8 中,宏名 Ga 称为(　　)。

A. 符号常量　　B. 字符变量

C. 单精度类型变量　　D. 字符串变量

31. 以下程序的输出结果是(　　)。

```
int d=1;
fun(int p)
{
    static int d=5;
    d+=p;
```

```
    printf("%d",d);
    return(d);
}
int main()
{
    int a=3;
    printf("%d\n",fun(a+fun(d)));
    return 0;
}
```

A. 6 9 9　　B. 6 6 9　　C. 6 15 15　　D. 6 6 15

32. 下面程序的输出结果是(　　)。

```
fun3(int x)
{
    static int a=3;
    a+=x;
    return(a);
}
int main()
{
    int k=2,m=1,n;
    n=fun3(k);
    m=fun3(m);
    printf("%d\n",m);
    return 0;
}
```

A. 3　　B. 4　　C. 6　　D. 9

二、填空

1. 函数 PrintLetters(int n)的功能是:输出 n 行图形,例如当 n=3 时,图形如下:

a
bbb
ccccc

将以下实现该函数功能的程序补充填写完整。

```
#include <stdio.h>
int main()
{
    int n;
    ________
    printf("Please input n(n>=1 and n<=10) :");
```

```
    scanf("%d",&n);
    if(!(n>=1&&n<=10)) return;
    PrintLetters(n);
    getch();
    return 0;
}
void PrintLetters(int n)
{
    char ch='a';
    int row,col;
    for(row=1;row<=n;row++)
    {
        for(col=1;________;col++)
            putchar(ch);
        ________
        printf("\n");
    }
}
```

2. 函数 AddValue(int a[],int n,int x,int y)的功能是:把数组 a 的 n 个元素中下标是奇数的元素加上 x,其他元素加上 y。x 和 y 在运行时输入。

例如,输入:2,5

输出:26,4,38,26,10,18,32,3,18,11

请将以下实现该函数功能的程序补充完整。

```
#include<stdio.h>
#include<conio.h>
void AddValue(int a[],int n,int x,int y)
{
    int i;
    for(i=0; i<n;i++)
    {
        if(________==1)
            a[i]=a[i]+x;
        else
            a[i]=a[i]+________;
    }
}
int main()
{
```

```
    int data[10]={21,2,33,24,5,16,27,1,13,9},x,y,i;
    printf("Input x,y:");
    scanf("%d,%d",&x,&y);
    AddValue(data,10,________,y);
    for(i=0;i<10;i++)
      printf("%d ",data[i]);
    printf("\n");
    getch();
    return 0;
}
```

3. 函数 ChoiceSort()的功能是:用选择排序法对数组 a 中的 n 个元素进行升序排列。请将以下实现该函数功能的程序补充完整。

```
#include<stdio.h>
#include<conio.h>
void ChoiceSort(int a[],int n)
{
  int i,j,min,t;
  for(i=0; i<=n-2; ________)
  {
    min=i;
    for(j=i+1; j <=n-1; j++)
      if(________)
        min=j;
    if(min!=i)
    {
      t=a[min];
      a[min]=________;
      a[i]=t;
    }
  }
}
int main()
{
  int b[]={-13,-5,8,3,1,2,-19},i,lenofb=sizeof(b)/sizeof(int);
  ChoiceSort(b,lenofb);
  for(i=0;i<lenofb;i++)
    printf("%d",b[i]);
  printf("\n");
```

```
    getch();
    return 0;
}
```

4. Calcul(unsigned int n,unsigned int m)函数的功能是:根据参数 n 和 m,计算并返回公式 $P_n^m = n(n-1)(n-2)\cdots(n-m+1)$。请将以下程序补充完整。

```
#include <stdio.h>
#include <conio.h>
unsigned long Calcul(unsigned int n,unsigned int m)
{
    unsigned int i;
    unsigned long result;
    result=________;
    for(i=n;i>=n-m+1;i--)
        result *= ________;
    return result;
}
int main()
{
    unsigned int ________;
    printf("Please input 2 positive integers n and m(0<m<n<10):");
    scanf("%u%u",&n,&m);
    printf("Calcul(%u,%u)=%lu\n",n,m,Calcul(n,m));
    getch();
    return 0;
}
```

5. 将程序填写完整,使函数 convert(int a[][])输出数组 a 表示的 N * N 矩阵的转置矩阵。

例如:5 * 5 矩阵

```
 1   2   3   4   5
11  12  13  14  15
21  22  23  24  25
31  32  33  34  35
41  42  43  44  45
```

转置后:

```
1  11  21  31  41
2  12  22  32  42
3  13  23  33  43
4  14  24  34  44
5  15  25  35  45
```

```
#include <stdio.h>
#include <conio.h>
#define N 5
void convert(int a[][N])
{
  int i,________,temp;
  for(i=0; ________; i++)
  for(j=i+1;j<N;j++)
  {
    temp=a[i][j];
    a[i][j]=________;
    a[j][i]=temp;
  }
}
int main()
{
  int i,j;
  int arr[N][N];
  for(i=0;i<N;i++)
    for(j=0; j<N; j++)
      arr[i][j]=10*i+j+1;
  printf("Original array:\n");
  for(i=0;i<N;i++)
  {
    for(j=0; j<N; j++)
      printf("%3d",arr[i][j]);
    printf("\n");
  }
  convert(arr);
  printf("Converted array:\n");
  for(i=0;i<N;i++)
  {
    for(j=0; j<N; j++)
      printf("%3d",arr[i][j]);
    printf("\n");
  }
  getch();
  return 0;
}
```

6. 补充程序，其中函数 fun(int x) 的功能是输出正整数 x 除了 1 和 x 外的所有因子，若无输出项则提示为素数。

```
#include <stdio.h>
#include <conio.h>
void fun(int x)
{
  int ________,flag=0;
  for(i=2; i<=x/2; i++)
    if(x%i==0)
    {
      printf("%4d",i);
      flag=1;
    }
  if(flag==________)
  printf("%d is a prime number.\n",x);
}
int main()
{
  int a;
  printf("Input a number(must be >0):");
  scanf("%d",&a);
  while(a<=0)
  {
    printf("Input a number(must be >0):");
    scanf("%d",&a);
  }
  fun(________);
  getch();
  return 0;
}
```

7. 将程序填写完整，使函数 r_shift(int a[])实现将数组 a 各元素循环右移 1 个位置，最后一个元素存到首位。

例如：数组 a 元素为：1 3 5 7 9 10 8 6 4 2

循环右移后为：2 1 3 5 7 9 10 8 6 4

```
#include <stdio.h>
#include <conio.h>
#define N 10
```

```
void r_shift(int a[])
{
  int i,temp;
  temp=a[N-1];
  for(i=N-1; ________; i--)
    a[i]=________;
  a[0]=temp;
}
int main()
{
  int arr[N]={1,3,5,7,9,10,8,6,4,2},i;
  printf("Original array is:\n");
  for(i=0;i<N;i++)
    printf("%d ",arr[i]);
  r_shift(________);
  printf("\nNow array is :\n");
  for(i=0;i<N;i++)
    printf("%d ",arr[i]);
  getch();
  return 0;
}
```

8. 完善程序中的 phalanx(int a[][],int n)函数，根据参数 n ($2\leqslant n\leqslant 10$)输出类似如下的方阵($n=6$)。

```
1  2  3   4   5   6
2  4  6   8  10  12
3  4  5   6   7   8
4  6  8  10  12  14
5  6  7   8   9  10
6  8  10  12  14  16
```

```
#include <stdio.h>
#include <conio.h>
#define M 10
void phalanx(int a[][M],int n)
{
  int ________,j;
  for(i=0;i<n;i++)
    for(j=0;j<n;j++)
    {
```

```
        if(i%2==0)
          a[i][j]=i+1+j;
        else
          a[i][j]=________;
      }
    printf("Array(n=%d) is:\n",n);
    for(i=0;i<n;i++)
    {
      for(j=0;j<n;j++)
        printf("%3d",a[i][j]);
      printf("\n");
    }
}
int main()
{
    int a[M][M];
    int n;
    printf("Input n(2<=n<=10):");
    scanf("%d",&n);
    phalanx(________,n);
    getch();
    return 0;
}
```

9. 以下程序中,主函数调用了 LineMax 函数,实现在 N 行 M 列的二维数组中,找出每一行的最大值。请将程序补充完整。

```
#define N 3
#define M 4
void LineMax(int x[N][M])
{
    int i,j,p;
    for(i=0; i<N; i++)
    {
      p=0;
      for(j=1; j<M; j++)
        if(x[i][p]<x[i][j])
          ________
      printf("The max Value in Line %d is %d\n"),i,________;
    }
}
```

```
int main()
{
   int x[N][M]={1,5,7,4,2,6,4,3,8,2,3,1};
   ________
   return 0;
}
```

10. 以下程序的运行结果是________。

```
#include<stdio.h>
long fib(int g)
{
   switch(g)
   {
      case 0: return(0);
      case 1:
      case 2: return(1);
   }
   return(fib(g-1)+fib(g-2));
}
int main()
{
   long k;
   k=fib(5);
   printf("%d\n",k);
   return 0;
}
```

三、编程(在每对//之间编写程序)**

1. 完成其中的函数 fun(x,n),该函数用于计算数学表达式$\frac{3x^n}{(2x-1)(x+3)+0.8}$的值。例如:fun(2.3,5)=9.713。

```
#include <stdio.h>
#include <math.h>
double fun(double x,int n)
{
   /**/
   /**/
}
int main()
```

```
{
   printf("fun(2.3,5)=%7.3lf\n",fun(2.3,5));
   getch();
   return 0;
}
```

2. 完成程序中的 fun()函数,使其计算:

$$fun(x,y)=\begin{cases}\dfrac{x^2+1}{y^2+2} & (x>0,y>0)\\ \dfrac{x-2}{x(y^2+1)} & (x>0,y\leqslant 0)\\ x+y & (x\leqslant 0)\end{cases}$$

例如:输入:1,3,则输出:fun(1.000,3.00)=0.182

输入:5,−5,则输出:fun(5.000,−5.000)=0.023

输入:−6,13,则输出:fun(−6.000,13.000)=7.000

```
#include <stdio.h>
double fun(float x,float y)
{
   /**/
   /**/
}
int main()
{
   float x,y;
   printf("Input x,y:");
   scanf("%f,%f",&x,&y);
   printf("fun(%.3f,%.3f)=%.3lf\n",x,y,fun(x,y));
   getch();
   return 0;
}
```

3. 完成其中的 fun(int a[],int c[])函数,将数组 a 中不相同元素依次存入数组 c 中(元素值>0,相同元素仅存一次),并在数组 c 的最后一个元素后面存入值−1 作为结束标记。

例如:数组 a 为{5,1,1,2,6,5,2,7},则数组 c 为{5,1,2,6,7,−1}

```
#include <stdio.h>
#include <conio.h>
#define N 8
void fun(int a[],int c[])
{
   /**/
```

```
    /**/
  }
  int main()
  {
    int arra[N]={5,1,1,2,6,5,2,7};
    int arrc[N],i;
    fun(arra,arrc);
    printf("array arra is:");
    for(i=0;i<N;i++)
      printf("%d ",arra[i]);
    printf("\nresult arrc is:");
    for(i=0;i<N;i++)
    {
      if(arrc[i]!=-1)
        printf("%d",arrc[i]);
      else
        break;
    }
    printf("\n");
    getch();
    return 0;
  }
```

4. 完成函数 InSum(int a[],int n,int i,int m),功能为:计算长度为 n 的数组 a 中,从下标为 i 的元素开始,连续 m 个元素的和。若元素超出数组范围,则只到 a[n-1]为止。

```
#include <stdio.h>
#include <conio.h>
long InSum(int a[],int n,int i,int m)
{
  /**/
  /**/
}
int main()
{
  int a[8]={-8,-2,5,9,15,32};
  printf("%ld\n",InSum(a,6,3,2));
  getch();
  return 0;
}
```

5. 完成函数 tailAppend(char s1[],char s2[]),功能是把串 s2 接到串 s1 之后,且不用 strcpy()和 strcat()函数。例如,字符串 s1 为"abcd",字符串 s2 为"lmn",函数执行后字符串 s1 为"abcdlmn"。

```
#include <stdio.h>
#include <conio.h>
void tailAppend(char s1[],char s2[])
{
  /**/
  /**/
}
int main()
{
  char str1[64]="abcd",str2[64]="lmn";
  tailAppend(str1,str2);
  printf("str1:%s\n",str1);
  getch();
  return 0;
}
```

6. 编写一个函数对给定数组 arr[]和元素个数 n,按升序进行冒泡排序。

```
void bubbleSort(int a[],int n)
{
  /**/
  /**/
}
```

7. 编写一个函数把给出的 matrix[N][N]左上方的数据置为 1,右下方的数据置为 −1,主对角线元素置为 0.

```
void set2DArr(int a[][N],int n)
{
  /**/
  /**/
}
```

8. 编写一个函数,把给定字符串的指定字符删除,要求用数组接收字符串。

```
void delChar(char ss[][N],char c)
{
  /**/
  /**/
}
```

9. 帕斯卡三角形可以用来求多项式$(a+b)^n$展开项的系数。在帕斯卡三角形中,第一列和最后一列为1,其他每一个项都是上行中正对它的一个项与左面一个项的和。n为7的帕斯卡三角形是:

```
1
1  1
1  2   1
1  3   3    1
1  4   6    4    1
1  5   10   10   5   1
1  6   15   20   15   6   1
```

写一个函数,用二维数组实现对任意给定的n,输出对应的帕斯卡三角形。

```
void outPascal(int size)
{
  /**/
  /**/
}
```

10. 编程实现产生100个1～200之间的随机数存储到数组中,然后使用顺序查找法扫描数组100次,每次产生一个随机数作为要查找的目标。程序结束时,显示以下的统计信息:

(1)查找不成功的次数;

(2)查找成功的次数;

(3)查找成功的百分比;

(4)平均查找次数。

第7章　指针

【实验指导】

实验一　指针

一、实验目的

1. 掌握指针和指针变量的概念。
2. 掌握指针变量的赋值、运算,以及通过指针引用变量的方法。
3. 掌握通过指针引用数组、字符串元素的方法。
4. 掌握指针作为函数参数的使用方法。
5. 理解返回指针值的函数和指向函数的指针的概念。

二、实验内容

1. 编写一个函数 StrLink，利用字符指针编程实现字符串连接的功能。函数原型为：

char *StrLink(char *str1,char *str2);

2. 编写一个函数 move，实现将一个由 n 个元素组成的一维整型数组中所有小于 0 的元素移到所有大于 0 的元素前面。在上述定义的函数中，不允许增加新的数组，且要求使用指针对数组进行操作。函数原型为：

void move(int *arr,int n);

【巩固与提高】

一、选择

1. 变量的指针，其含义是指该变量的(　　)。

A. 名　　B. 值　　C. 地址　　D. 一个标志

2. 若已定义：int a=10,b, *p=&a, *q=&b;，则下列语句中错误的是(　　)。

A. p=&b;　　B. *p=b+2;　　C. p=3;　　D. *p= *q;

3. 若已定义：int a=2, *pi=&a;float f=3.5, *pf=&f;，则下列正确的赋值语句是(　　)。

A. pi=&f;　　B. pf=&a;　　C. pi=pf;　　D. f= *pi+ *pf;

4. 若已定义：int a=2, *p=&a;，则下列叙述错误的是(　　)。

A. &(*p) 与 &a 等价　　B. *(&a) 与 a 等价

C. *(&p) 与 a 等价　　D. &(*p) 与 p 等价

5. 若已定义：char s[10], *p=s;，以下不正确的表达式是(　　)。

A. p=s+3;　　B. s=s+2;　　C. s[2]=p[4];　　D. *p=s[2];

6. 若已定义：int a[6]={1,2,3,4,5,6}, *p=&a;，则对数组元素错误引用的是(　　)。

A. p[2]　　B. *(p+2)　　C. *(*(a+5))　　D. *(&a[5])

7. 若已定义：int a[6]={1,3,5,7,9,11}, *p=a, *q=a+4;，则 q−p 的结果是(　　)。

A. 6　　B. 8　　C. 4　　D. 2

8. 若已定义：int a[6]={1,2,3,4,5,6}, *p=a, *q=&a[3];，则编译时报错或运算无意义的是(　　)。

A. *p+1　　B. *p+ *q　　C. p+q　　D. *p− *q

9. 若有定义：int a[4][5];，则表达式 &a[2][3]−a 的值为(　　)。

A. 12　　B. 13　　C. 14　　D. 15

10. 若有定义：int(*p)[6];，其中 p 是(　　)。

A. 指向 6 个整型变量的函数指针

B. 6 个指向整型变量的指针

C. 一个指向具有 6 个整型元素的一维数组的指针

D. 具有 6 个指针元素的一维指针数组，每个元素都只能指向整型数据

11. 以下错误的表达式是(　　)。

A. char *p="abcd";　　B. char *p;p="abcd";

C. char s[10];s="abcd";　　D. char s[10]="abcd"

12. 若有定义:char **s;以下表达式正确的是(   )。

A. s="abcd";　　B. *s="abcd";

C. **s="abcd";　　D. *s='a';

13. 以下程序的运行结果是(   )。

```
#include <stdio.h>
int main()
{
  int a[6]={1,2,3,4,5,6};
  int y, *p;
  p=a+2;
  y= *p++;
  printf("%d,%d",y, *p);
  return 0;
}
```

A. 2,3　　B. 3,4　　C. 4,3　　D. 4,4

14. 以下程序的运行结果是(   )。

```
#include <stdio.h>
int main()
{
  int a[3][4]={0,1,2,3,4,5,6,7,8,9,10,11};
  int( *p)[4],i=2,j=1;
  p=a;
  printf("%d\n", *( *(p+i)+j));
  return 0;
}
```

A. 3　　B. 4　　C. 9　　D. 10

15. 若有定义:char *str[2]={"Hello","World"};,以下说法中正确的是(   )。

A. 数组 str 的元素值分别为"Hello"和"World"

B. str 是指针变量,它指向含有两个数组元素的字符型数组

C. 数组 str 的两个元素分别存放的是含有 5 个字符的一维数组的首地址

D. 数组 str 的两个元素分别存放了字符串“Hello”和“World”

16. 下列程序的运行结果是(   )。

```
#include <stdio.h>
int main()
{
  char s[]="good", *p;
  for(p=s;p<s+4;p++)
```

```
    printf("%s",p);
  return 0;
}
```

A. good　　B. doog

C. goodoododd　　D. gooddoog

17. 在说明语句:int *fun(); 中,标识符 fun 表示的是(　　)。

A. 一个用于指向函数的指针变量

B. 一个返回值为指针型的函数名

C. 一个用于指向一维数组的指针

D. 一个用于指向整型数据的指针变量

18. 若有声明语句:int min(int x,int y); int(*p)(int x,int y);,并且已使函数指针变量 p 指向函数 min,当调用该函数时,正确的调用方法是(　　)。

A. *p(x,y);　　B. (*p)(x,y);

C. *p min(x,y);　　D. (*p)min(x,y);

19. 分析函数 swap,下面说法正确的是(　　)。

```
swap(int *p1,int *p2)
{
  int *p;
   *p= *p1; *p1= *p2; *p2= *p;
}
```

A. 交换 *p1 和 *p2 的值

B. 正确,但无法改变 *p1 和 *p2 的值

C. 交换 *p1 和 *p2 的地址

D. 可能造成系统故障,因为使用了空指针

20. 以下程序的运行结果是(　　)。

```
#include <stdio.h>
void fn(int a,int b,int *p)
{
   *p=a>b? a-b:b-a;
}
int main()
{
  int x,y;
  fn(5,9,&x);
  fn(x,7,&y);
  printf("x=%d,y=%d\n",x,y);
  return 0;
}
```

A. x=-4,y=3　　B. x=5,y=7　　C. x=4,y=3　　D. x=-4,y=-3

21. 下列语句组中，正确的是(　　)。

A. char * s; s= "Hello";　　　　B. char s[5]; s="Hello";

C. char * s; s= {"Hello"};　　　D. char s[5]; s= {"Hello"};

22. 下列程序试图通过指针 P 为变量 n 读入数据并输出，程序中语句(　　)是错误的。

```
#include <stdio.h >
int main ()
{
   int n, * p=NULL;
    * p=&n;
   printf (" Please input n:") ;
   scanf ("%d", p) ;
   printf ("The value of n:") ;
   printf ("%d\n", * p) ;
   return 0;
}
```

A. int n, * p= NULL;　　　　B. * p=&n;

C. scanf("%d", p);　　　　D. printf("%d\n", * p);

23. 有以下程序：

```
#include <stdio.h>
void fun(char * * p)
{
   ++p;
   printf ("%s\n", * p);
}
int main()
{
   char * a[]={"C Language","Java","Python","Basic","Fortran"};
   fun(a);
   return 0;
}
```

程序的执行结果是(　　)。

A. C Language　　B. Language　　C. Java　　D. ava

24. 有以下程序：

```
#include <stdio.h>
#include <string.h>
int main()
{
```

```
    char str[][20] = { "Hello World!","Welcome!" ,"Good!" }, * p=str[1];
    printf("%d,",strlen(p)) ;
    printf("%s\n",p) ;
    return 0;
}
```

程序运行后的输出结果是(　　)。

A. 12，Hello World!　　　　B. 3，ello World!

C. 8，Welcome!　　　　D. 20，Welcome!

二、改错(请修改一对//之间的语句)**

1. 以下程序通过指针变量 p 实现对整型变量 a 的输入和输出。请改正程序中的错误。

```
#include <stdio.h>
int main()
{
    int a, *p;
    /**/  a=&p  /**/;
    scanf("%d",/**/   *p/**/);
    printf("a=%d \n",/**/  p  /**/);
    return 0;
}
```

2. 以下程序通过函数 swap()实现主函数中两个变量值的交换,请改正程序中的错误。

```
#include <stdio.h>
#include <conio.h>
void swap(int *x,int *y)
{
    int /**/* temp /**/;
    temp= *y;
    /**/ y /**/= *x;
    *x=temp;
}
int main()
{
    int a,b;
    printf("请输入两个整数:");
    scanf("%d,%d",&a,&b);
    printf("交换前:a=%d,b=%d\n",a,b);
    swap(&a,/**/ b /**/);
    printf("交换后:a=%d,b=%d\n",a,b);
```

```
  getch();
  return 0;
}
```

3. 以下程序中的 DigitRepl 函数实现将字符串中所有奇数位置(注:字符串首字符为第1位)上的数字用比其大 1 的数字替换。如,数字 0 用 1 替换、数字 1 用 2 替换、数字 2 用 3 替换……数字 9 用 0 替换(非数字则不替换)。请改正程序中的错误。

```
#include <stdio.h>
void DigitRepl(char *p)
{
  int i=1;
  while(/**/*p=='\0'/**/)
  {
    if(/**/ i%2==0 /**/)
    {
      if(/**/*p>=0&& *p<=8 /**/)
        *p= *p+1;
      else if( *p=='9')
        *p='0';
    }
    p++;
    i++;
  }
}
int main()
{
  char str[80];
  printf("请输入字符串: \n");
  gets(str);
  DigitRepl(str);
  printf("\n 替换后的字符串为:\n");
  puts(str);
  return 0;
}
```

4. 以下程序中的函数 fun(int a,int n,long *sum) 按照给定的两个正整数 a 和 n,计算 a+aa+aaa+…+aaa…a(n 个 a)的和。请改正程序中的错误。

```
#include <stdio.h>
#include <conio.h>
void fun(int a,int n,long *sum)
```

```
{
    *sum=0;
   /**/ long num=1 /**/;
   int i;
   for(i=1;i<=n;i++)
   {
      num=num*10+a;
      /**/ sum+=num /**/;
   }
}
int main()
{
   long sum;
   int a,n;
   printf("请输入两个正整数a和n:\n");
   scanf("%d,%d",&a,&n);
   fun(a,n,/**/ sum /**/);
   printf("sum=%ld\n",sum);
   getch();
   return 0;
}
```

5. 下列程序中,函数fun()的功能是将m和n所指的两个字符串分别转换成值相同的整数并相加,将结果作为函数值返回,规定字符串中只含5个以下数字字符。例如主函数中输入字符串"12345"和"22468",在主函数中输出的函数值为34813。请修改程序中的错误。

```
#include <stdio.h>
#include <string.h>
#include <ctype.h>
#define N 5
long ctod( char * s)
{
   long d=0;
   while( * s)
      if(isdigit ( * s))
      {
         /* */  d=d*10+s-0;  /* */
         s++;
      }
      return d;
   }
```

```
long fun(char *m, char *n)
{
  /**/ return ctod(*m)+ctod(*n); /**/
}
int main()
{
  char s1[N],s2[N];
  do
  {
    printf("Input string s1: ");
    gets(s1);
  }while(strlen(s1) >N );
  do
  {
    printf("Input string s2: ");
    gets(s2);
  }while(strlen(s2) >N );
  printf ("The result is:%ld\n ",fun(s1, s2));
  return 0;
}
```

三、填空

1. 以下程序的运行结果是____________。

```
#include <stdio.h>
int main()
{
  int a[6]={1,2,3,4,5,6}, *p;
  p=&a[1];
  printf("%d\n", *p++);
  printf("%d\n", *(++p));
  return 0;
}
```

2. 以下程序的运行结果是____________。

```
#include <stdio.h>
#include<string.h>
int main()
{
  char s1[]="good",s2[]="ok", *p;
  strcpy(s1,s2);
```

```
    p=s1;
    while( *p)
    {
        printf("%s\n",p);
        p++;
    }
    return 0;
}
```

3. 以下程序的运行结果是______________。

```
#include <stdio.h>
int main()
{
    char
    months[12][10]={"January","February","March","April","May","June",
        "July","August","September","October","November","December"};
    char( *p)[10];
    p=months;
    printf("%s\n",p[4]);
    return 0;
}
```

4. 以下程序的运行结果是______________。

```
#include <stdio.h>
void f(int *p,int *q,int n)
{
    int i;
    for(i=0;i<n;i++)
        if( *(p+i)< *(q+i))
            *(p+i)+=5;
}
int main()
{
    int a[5]={2,17,16,8,10};
    int b[5]={8,23,12,5,20};
    int i;
    f(a,b,5);
    for(i=0;i<5;i++)
        printf("%d",a[i]);
    return 0;
}
```

5. 以下程序的运行结果是______________。

```
#include <stdio.h>
int main()
{
  int i=6,*p,**q;
  p=&i;
  q=&p;
  *p+=2;
  printf("%d",**q);
  return 0;
}
```

6. 下列函数 ToUpper 的功能是将字符串中的小写字母转成大写字母，请填空。

```
#include<stdio.h>
#include<string.h>
void ToUpper(________)
{
  while(________)
  {
    if(*p>='a'&& *p<='z')
    ________;
    p++;
  }
}
int main()
{
  char str[80];
  printf("请输入字符串:\n");
  gets(str);
  ToUpper(str);
  printf("转换后的字符串为:\n");
  puts(str);
  return 0;
}
```

7. 以下程序实现输出两个自然数的最大公约数和最小公倍数。函数 fn(int x,int y,int *p,int *q)用以求两个数 x 和 y 的最大公约数和最小公倍数，并分别存到指针变量 p 和 q 所指的变量中。其中求最大公约数使用辗转相除法。

```
#include <stdio.h>
```

```
void fn(int x,int y,int *p,int *q)
{
   int m,n,r;
   if(x>y)
   {
     m=x;n=y;
   }
   else
   {
     m=y;n=x;
   }
   r=m%n;
   while(________)
   {
     m=n;
     n=r;
     r=m%n;
   }
   *p=________;
   *q=x * y/n;
}
int main()
{
   int a,b,factor,multiple;
   printf("请输入两个自然数:\n");
   scanf("%d,%d",&a,&b);
   fn(________);
   printf("%d和%d的最大公约数是:%d,最小公倍数是:%d\n",a,b,factor,multiple);
   return 0;
}
```

8. 下列程序中,函数fun()的功能是分别统计字符串中小写字母和大写字母的个数。例如主函数中输入字符串"Xyy12Mn689Abc",则应输出:lower=5,upper=3。

请填空。

```
#include <stdio.h>
void fun(char * s,int * a,int * b)
{
   while ( * s)
```

```
    {
      if( * s>= 'a' && *s<= 'z' )       ________;
        if( * s>='A' && * s<='Z')       ________;
          ________;
    }
}
int main()
{
    char s[80];
    int lower=0, upper=0;
    printf("\nPlease enter a string: ");
    gets(s);
    fun(s,&lower,&upper);
    printf("\n lower= %d, upper= %d\n",lower,upper);
}
```

9. 下列程序中,函数 fun()的功能是找出 N×N 矩阵中每列元素中的最小值,并按顺序依次存放于形参 b 所指的一维数组中。请填空。

```
#include < stdio.h >
#define N 4
void fun(int ( * a)[N], int  * b)
{
    int i,j;
    for(i =0;i <N;i++)
    {
      b[i]= ________ ;
      for(j=1; j <N; j ++)
        if(b[i] ________ a[j][i])   b[i]=a[j][i];
    }
}
int main()
{
    int x[N][N]={ {12,5,8,7},{6,1,9,5},{1,2,3,4},{2,8,4,3} },y[N],i,j;
    printf ("\nThe matrix :\n");
    for(i=0;i<N; i ++)
    {
      for(j=0;j<N; j ++)   printf("%4d",x[i][j]);
      printf ("\n");
    }
```

```
    fun( ________ );
    printf("\nThe result is:");
    for(i=0; i<N; i++)   printf("%3d",y[i]);
    printf ("\n");
    return 0;
}
```

四、编程

1. 编写函数 void Delec(char *s,char c),实现从字符数组中删除所有值为 c 的元素。

2. 编写函数 void MaxMin(int *p,int *max,int *min),分别求出包含 N 个元素的整型数组中的最大值和最小值。其中,利用指针 max 返回最大值,利用指针 min 返回最小值。

3. 编写程序,将所给的 5 个字符串排序并输出。要求用指向指针的指针实现。要求将排序过程单独写成一个函数,n 和字符串在主函数中输入,最后在主函数中输出结果。

第 8 章　结构体、共用体和枚举类型

【实验指导】

实验一　自定义数据类型

一、实验目的

1. 掌握结构体类型说明和结构体类型变量,数组的定义和使用。
2. 学会引用结构体成员。
3. 掌握结构体和联合体变量的输入输出。

二、实验内容

1. 输入 5 个学生的信息,每个学生的信息包括学号、姓名和 4 门课的成绩,输出学号为单号的学生的全部信息。

2. 输入 5 个学生的信息,每个学生的信息包括学号、姓名和 4 门课的成绩,输出个人平均成绩最高的学生的全部信息。

3. 定义一个结构体变量(包括年、月、日)。输出该日的下一天的日期。

【巩固与提高】

一、选择

1. 定义以下结构体类型:

```
struct s
{
```

```
    int a;
    char b;
    float f;
  };
```

则语句 printf("%d",sizeof(struct s))的输出结果为（　　）。

A. 3　　B. 7　　C. 6　　D. 4

2. 当定义一个结构体变量时，系统为它分配的内存空间是（　　）。

A. 结构中一个成员所需的内存容量

B. 结构中第一个成员所需的内存容量

C. 结构体中占内存容量最大者所需的容量

D. 结构中各成员所需内存容量之和

3. 有如下说明和定义语句：

```
struct student
{
  int age;
  char num[8];
};
struct student stu[3]={{20,"200401"},{21,"200402"},{19,"200403"}};
struct student * p=stu;
```

以下选项中引用结构体变量成员的表达式错误的是（　　）。

A. (p++)->num　　B. p->num　　C. (* p).num　　D. stu[3].age

4. 设有如下枚举类型定义：

```
enum language {Basic=3,Assembly=6,Ada=100,COBOL,Fortran};
```

枚举量 Fortran 的值为（　　）。

A. 4　　B. 7　　C. 102　　D. 103

5. 有如下程序段：

```
typedef struct NODE
{
  int num;struct NODE * next;
} OLD;
```

以下叙述中正确的是（　　）。

A. 以上的说明形式非法　　B. NODE 是一个结构体类型

C. OLD 是一个结构体类型　　D. OLD 是一个结构体变量

6. 以下选项中不能正确把 cl 定义成结构体变量的是（　　）。

```
(1)typedef struct
    {
      int red;
      int green;
```

```
        int blue;
    } COLOR;
    COLOR cl;
(2)struct color cl
    {
        int red;
        int green;
        int blue;
    };
(3)struct color
    {
        int red;
        int green;
        int blue;
    }cl;
(4)struct
    {
        int red;
        int green;
        int blue;
    }cl;
```

A. (1)　　B. (2)　　C. (3)　　D. (4)

7. 设有如下语句：

```
typedef struct S
{int g; char  h;} T;
```

则下面叙述中正确的是(　　)。

A. 可用 S 定义结构体变量

B. 可以用 T 定义结构体变量

C. S 是 struct 类型的变量

D. T 是 struct S 类型的变量

8. 以下程序的运行结果是(　　)。

```
struct KeyWord
{
    char Key[20];
    int ID;
}kw[]={"void",1,"char",2,"int",3,"float",4,"double",5};
int main()
{
```

```
    printf("%c,%d\n",kw[3].Key[0],kw[3].ID);
    return 0;
}
```

A. 3　　B. n,3　　C. f,4　　D. l,4

9. 根据下面的定义,能打印出字母 M 的语句是(　　)。

```
struct person {char name[9]; int age;};
struct person class[10]={"John",17,"Paul",19,"Mary",18,"Adam",16};
```

A. printf("%c\n",class[3].name);

B. printf("%c\n",class[3].name[1]);

C. printf("%c\n",class[2].name[1]);

D. printf("%c\n",class[2].name[0]);

10. 若已定义:

```
struct Data
{
    char ch;
    int x;
    float y;
} a;
```

下列叙述错误的是(　　)。

A. a 为结构体类型变量　　B. ch 为结构体类型成员

C. Data 为结构体类型名　　D. ch、a 均为结构体类型成员

11. 以下程序的输出结果为(　　)。

```
struct st
{
    int x;
    int * y;
} * p;
int dt[4]={10,20,30,40};
struct st aa[4]={50,&dt[0],60,&dt[1],70,&dt[2],80,&dt[3] };
int main()
{
    p=aa;
    printf("%d\n",++p->x);
    printf("%d\n",(++p)->x);
    printf("%d\n",++( * p->y));
    return 0;
}
```

A. 10	B. 50	C. 51	D. 60
20	60	60	70
20	21	21	31

12. 以下程序的输出结果为(　　)。

```
int main()
{
  enum team {my,your=4,his,her=his+10};
  printf("%d %d %d %d\n",my,your,his,her);
  return 0;
}
```

A. 0 1 2 3　　B. 0 4 0 10　　C. 0 4 5 15　　D. 1 4 5 15

13. 设有如下定义:

```
struct sk
{int a;float b;}data, * p;
```

若有 p=&data;,则对 data 中的 a 域的正确引用是(　　)。

A. (* p).data.a　　B. (* p).a　　C. p->data.a　　D. p.data.a

14. 已知字符 0 的 ASCII 码为十六进制的 30,以下程序的输出结果是(　　)。

```
int main()
{
  union {unsigned char c;unsigned int i[4];} z;
  z.i[0]=0x39;
  z.i[1]=0x36;
  printf("%c\n",z.c);
  return 0;
}
```

A. 6　　B. 9　　C. 0　　D. 3

15. 字符'0'的 ASCII 码的十进制数为 48,且数组的第 0 个元素在低位,则以下程序的输出结果是(　　)。

```
#include<stdio.h>
int main()
{
  union {int i[2];long k;char c[4];}r, * s=&r;
  s->i[0]=0x39;
  s->i[1]=0x38;
  printf("%c\n",s->c[0]);
  return 0;
}
```

A. 39　　B. 9　　C. 38　　D. 8

16. 若已定义：

```
struct student
{
   int num;
   char name[25];
} stu[2]={{18,"linyi"},{19,"wangqing"}};
struct student * p=stu;
```

无法正确引用 wangqing 的是(　　)。

A. stu[1].name　　　　B. (p+1)->name

C. stu.name　　　　D. (*(p+1)).name

17. 下列程序的运行结果是(　　)。

```
union data
{
   char c;
   int k;
} data1;
int main()
{
   data1.k=67;
   data1.c='B';
   printf("%c\n",data1.k);
   return 0;
}
```

A. B　　　　B. 66　　　　C. C　　　　D. 67

18. 以下结构类型的嵌套定义后,该结构类型变量 x 所占用的内存字节数是(　　)。

```
struct birthday
{
   int year;
   int month;
};
struct person
{
   int num;
   char nc;
   struct birthday y_m;
}x;
```

A. 4　　　　B. 6　　　　C. 5　　　　D. 7

19. 运行下列程序,输出结果是(　　)。

```
struct contry
```

```
{
    int num;
    char name[20];
}x[5]={1,"China",2,"USA",3,"France",4,"Englan",5,"Spanish"};
int main()
{
    int i;
    for (i=3;i<5;i++)
        printf("%d%c",x[i].num,x[i].name[0]);
    return 0;
}
```

A. 3F4E5S　　B. 4E5S　　C. F4E　　D. c2U3F4E

20. 若已定义：

```
struct student
{
    int num;
    float score;
} stu[2]={{101,85.5},{102,90.0}}, * p=stu;
```

下列对结构体数组引用正确的是(　　)。

A. p->num　　B. stu[2].num　　C. p[1]->num　　D. stu.num

二、填空

1. 设有以下结构类型说明和变量定义，则变量 a 在内存中所占字节数是________。

```
Struct stud
{
    char num[6];
    int s[4];
    double ave;
}a, * p;
```

2. 以下程序运行后的输出结果是________。

```
struct NODE
{
    int k;
    struct NODE * link;
};
int main()
{
    struct NODE m[5], * p=m, * q=m+4;
    int i=0;
    while(p!=q)
```

```
    {
        p->k=++i; p++;
        q->k=i++; q--;
    }
    q->k=i;
    for(i=0;i<5;i++)
        printf("%d",m[i].k);
    printf("\n");
    return 0;
}
```

3. 以下程序的运行结果是________。

```
#include <stdio.h>
int main()
{
    union
    {
        long a;
        int b;
        char c;
    }m;
    printf("%d\n",sizeof(m));
    return 0;
}
```

4. 以下程序的输出结果是________。

```
int main()
{
    enum abc{green=3,red };
    char * clr[]={"red","blue","yellow","black","white","green"};
    printf("%s and",clr[green]);
    printf("%s",clr[red]);
    return 0;
}
```

5. 下述程序的执行结果是________。

```
#include <stdio.h>
union un
{
    int i;
    char c[2];
};
```

```
int main()
{
   union un x;
   x.c[0]=10;
   x.c[1]=1;
   printf("\n%d",x.i);
   return 0;
}
```

6. 下列程序的运行结果是________。

```
union data
{
   char c;
   int k;
} data1;
void main()
{
data1. k=66;
data1. c='A';
printf("%c\n",data1. k);
```

7. 以下程序段的运行结果是________。

```
struct Person
{
   int num,x,y;
}a={101,15,19},b={102,13,23};
int k;
k=a.x+b.x;
printf("%d\n",k);
```

8. 以下程序段的运行结果是________。

```
struct Get
{
   int num;
   float x;
}a[5]={{101,2.3},{102,2.6},{103,1.7},{104,3.3},{105,2.8}};
struct Get *p;
p=a;
printf("%.1f\n", (p+2)->x );
```

三、编程

1. 试利用结构体类型编制一程序，实现输入5个学生的学号、数学和语文成绩。然后计算并输出每个人的学号和平均成绩。

2. 对候选人得票的统计程序。设有3个候选人,有20个人对其进行投票,每次输入一个得票的候选人的名字,要求最后输出每个候选人的得票结果。用结构体的方法实现。

3. 输入5个学生的信息,每个学生的信息包括学号、姓名和4门课的成绩,输出个人平均成绩最高的学生的全部信息。

4. 定义一个结构体类型,包含用户的姓名和电话号码,从键盘读入N位用户的信息,并按照姓名的字母顺序重新排列输出。

5. 2022年冬奥会在北京举办,我国冰雪健儿获得9金、4银、2铜的好成绩,为祖国人民赢得了荣誉,彰显了胸怀大局、自信开放、迎难而上、追求卓越、共创未来的北京冬奥精神。请结合结构体编程实现输入m个国家的名字和获得的奖牌数目,输出冬奥会奖牌的排行榜。

第9章　文件

【实验指导】

实验一　文件

一、实验目的

1. 掌握C语言中文件和文件指针的基本概念。
2. 掌握C语言中文件的打开、关闭和读写等文件函数的使用方法。
3. 能够熟练运用相关函数对文件进行各种操作。

二、实验内容

编写程序并上机调试运行。

1. 从键盘输入若干职员信息(输入的数据包括工号、姓名、基本工资、奖金),计算出应发工资,将所有信息存到磁盘文件ESalary.dat中。

2. 从文件ESalary.dat中读出数据,按照应发工资的升序进行排序,将排序后的结果显示在屏幕上,同时将上述排序后的结果存入一个新文件ESsort.dat中。

【巩固与提高】

一、选择

1. 文件类型FILE是(　　)。

A. 一种函数类型　　B. 一种数组类型

C. 一种指针类型　　D. 一种结构体类型

2. 文件的一般操作步骤是(　　)。

A. 打开文件,定义文件指针,读写文件,关闭文件

B. 打开文件,定义文件指针,修改文件,关闭文件

C. 定义文件指针,定位指针,读写文件,关闭文件

D. 定义文件指针,打开文件,读写文件,关闭文件

3. 若已定义:FILE *fp;若要以追加方式打开 c 盘的 book 文件夹下的二进制文件 f1.dat,则以下语句正确的是(　　)。

A. fp=fopen("c:\\book\\f1.dat","ab");

B. fp=fopen("c:\book\f1.dat","w+");

C. fp=fopen("c:\\book\\f1.dat","rb");

D. fp=fopen("c:\book\f1.dat","ab");

4. 若成功地关闭了文件,fclose 函数的返回值是(　　)。

A. 1　　B. 0　　C. −1　　D. 一个非 0 值

5. 若执行 fopen 函数时发生错误,则函数的返回值为(　　)。

A. 1　　B. EOF

C. 文件指针的当前位置　　D. NULL

6. 若用 fopen 函数打开一个已存在的文本文件,保留文件中原有的数据且可以读也可以写,则文件的打开方式为(　　)。

A. "r+"　　B. "a+"　　C. "a"　　D. "w+"

7. 下列(　　)不是文件写库函数。

A. fprintf()　　B. fread()　　C. fwrite()　　D. fputs()

8. 若用函数 fgets 从指定文件中读入一个字符串,该文件的打开方式可以是(　　)。

A. 只读方式　　B. 读写方式　　C. 追加方式　　D. 只读或读写方式

9. 若已定义:FILE *fp; char c;,要将字符 c 写入 fp 所指向的文件中,正确的语句是(　　)。

A. c=fgetc(fp);　　B. fputc(fp,c);　　C. fputc(c,fp);　　D. putchar(c);

10. fscanf()函数的正确格式是(　　)。

A. fscanf(文件指针,输入表列,格式字符串)

B. fscanf(格式字符串,输入表列,文件指针)

C. fscanf(文件指针,格式字符串,输入表列)

D. fscanf(格式字符串,文件指针,输入表列)

11. fread(buff,8,4,fp)的功能是(　　)。

A. 从 fp 所指向的文件中读出 8 个字节的数据,并存放在 buff 中

B. 从 fp 所指向的文件中读出整数 8 和 4,并存放在 buff 中

C. 从 fp 所指向的文件中读出 4 个长度为 8 个字节的数据块,并存放在 buff 中

D. 从 fp 所指向的文件中读出 8 个长度为 4 个字节的数据块,并存放在 buff 中

12. 若已定义:FILE *fp;以下不能向 fp 所指向的文件写入“good”这 4 个字符的语句是(　　)。

A. fwrite("good",4,fp);

B. fprintf(fp,"%s","good");

C. fwrite("good",1,4,fp);

D. fputs("good",fp);

13. 利用 fseek 函数可以实现的操作是(　　)。

A. 移动文件的读写位置指针　　B. 文件的随机读写

C. 得到文件的读写位置指针　　D. 以上都不对

14. 以下不能将文件指针移到文件开头位置的函数是(　　)。

A. rewind(fp);　　B. fseek(fp,0,2);

C. fseek(fp,0,0);　　D. fseek(fp,-(long)ftell(fp),1);

15. 若文件 wj1.txt 中的内容为"one",wj2.txt 中的内容为"two",则下面描述中正确的是(　　)。

```
#include <stdio.h>
#include <stdlib.h>
int main()
{
  FILE *fp1, *fp2;
  if((fp1=fopen("wj1.txt","a+"))==NULL)
  {
    printf("cannot open wj1\n");
    exit(0);
  }
  if((fp2=fopen("wj2.txt","a+"))==NULL)
  {
    printf("cannot open wj2\n");
    exit(0);
  }
  while(!feof(fp1))
    fputc(fgetc(fp1),fp2);
  fclose(fp1);
  fclose(fp2);
  return 0;
}
```

A. 程序运行后文件 wj1.txt 的内容变为"two"

B. 程序运行后文件 wj2.txt 的内容变为"one"

C. 程序运行后文件 wj1.txt 的内容变为"onetwo"

D. 程序运行后文件 wj2.txt 的内容变为"twoone"

16. 以下叙述中不正确的是(　　)。

A. 在 C 语言中调用 fopen 函数就可把程序中要读、写的文件与磁盘上实际的数据文件联系起来

B. fopen 函数的一般调用形式为:FILE * fopen("文件名","操作方式");

C. fopen 函数的返回值为 NULL 时,则成功打开指定的文件

D. fopen 函数的返回值是一个指向指定文件的文件指针

17. 以下叙述中正确的是(　　)。

A. 文件指针是程序中用 FILE 定义的指针变量

B. 文件由字符序列组成,其类型只能是文本文件

C. rewind(fp)函数的功能是把文件的位置指针返回到文件尾部

D. 把文件指针传给 fscanf 函数,就可以向文本文件中写入任意的字符

18. 有以下程序:

```
#include <stdio.h>
int main ()
{
  int i;
  char *s ="Hard";
  FILE *fp;
  for (i=0;i<4;i++)
  {
    fp = fopen("test.txt", "w") ;
    fputc( *(s+i),fp);
    fclose (fp);
  }
  return 0;
}
```

程序运行后,在当前目录下会生成一个 test. txt 文件,其内容是(　　)。

A. Hard　　B. H　　C. d　　D. 空

19. 有以下程序:

```
#include <stdio.h>
int main()
{
  FILE *fp;
  char *s1 ="Hello", *s2="Welcome";
  fp= fopen("test.dat","wb+") ;
  fwrite(s2,7,1,fp);
  rewind(fp);
  fwrite(s1,5,1,fp);
  fclose(fp) ;
  return 0;
}
```

以上程序执行后,test.dat 文件的内容是(　　)。

A. Hello　　B. Welcome　　C. WelcomeHello　　D. Hellome

20. 以下与函数 rewind(fp)有相同作用的是(　　)。

A. feof(fp)　　B. fgetc(fp)

C. ftell(fp)　　D. fseek(fp,0L,SEEK_SET)

二、填空

1. 若文本文件 file1. txt 中的内容为 First,以下代码运行后屏幕上输出的结果是__________。

```
FILE *fp;
char str[10];
fp=fopen("file1.txt","r");
fgets(str,5,fp);
printf("%s",str);
fclose(fp);
```

2. 以下程序执行后,文件 file2. txt 的内容是__________。

```
#include <stdio.h>
int main()
{
  FILE *fp;
  fp=fopen("file2.txt","w");
  fprintf(fp,"%s","One");
  fclose(fp);
  fp=fopen("file2.txt","w");
  fprintf(fp,"%s","Two");
  fclose(fp);
  return 0;
}
```

3. 假设不存在文件 file3. txt,以下程序执行后,文件 file3. txt 的内容是__________。

```
#include <stdio.h>
int main()
{
  FILE *fp;
  char *s1="First";
  char *s2="Second";
  fp=fopen("file3.txt","w");
  fwrite(s1,1,5,fp);
  fclose(fp);
  fp=fopen("file3.txt","a");
```

```
  fwrite(s2,1,6,fp);
  fclose(fp);
  return 0;
}
```

4. 以下程序执行后,输出的结果是________。

```
#include <stdio.h>
int main()
{
  FILE *fp;
  int i,a[6]={1,2,3,4,5,6},x,y,z;
  fp=fopen("file4.txt","w");
  for(i=0;i<6;i++)
    fprintf(fp,"%d",a[i]);
  fclose(fp);
  fp=fopen("file4.txt","r");
  fseek(fp,-8L,SEEK_END);
  fscanf(fp,"%d%*d%d\n",&x,&y);
  z=x+y;
  fclose(fp);
  printf("%d\n",z);
  return 0;
}
```

5. 以下程序段打开文件后,先利用 fseek 函数将文件位置指针定位在文件末尾,然后调用 ftell 函数返回当前文件位置指针的具体位置,从而得到文件长度,请将代码补充完整。

```
#include<stdio.h>
int main()
{
  FILE *fp;
  long int n;
  fp=________("file5.txt","rb");
  fseek(fp,0,________);
  n=________(fp);
  fclose(fp);
  printf("%ld",n);
  return 0;
}
```

三、编程

1. 首先将磁盘上的一个文本文件的内容读出并显示在屏幕上，然后将该文本文件中的小写字母转换成大写字母，其他字符不变，最后将转换后的所有内容存入另外一个文本文件中。

2. 编写程序，实现学生英语演讲比赛记分功能。从键盘输入若干选手的编号、姓名和初赛成绩，并存入文件中。复赛时将各位选手的初赛成绩从文件中读出，按照总分＝初赛成绩×30％＋复赛成绩×70％计算每个选手的总分，对选手成绩进行排序后在屏幕上输出结果，并将比赛最终结果写入总成绩文件中。

第三部分 模拟试卷

模拟试卷一

一、选择题(共 20 题,每题 2 分)

1. 下列说法中正确的是(　　)。

A. 函数体定界符是一对方括号“[ ]”

B. 注释部分可以存在于 C 语言程序的任何部分,并且能够跨行

C. main()函数必须在程序开头,因为它是第一个执行的函数

D. C 语言程序中的每一行都是一条执行语句

2. C 语言程序中,函数由首部和(　　)组成。

A. 复合语句　　B. 函数体　　C. 共用体　　D. 尾部

3. 程序设计语言分为三个阶段,它们是(　　)。

A. 自然语言、伪代码和高级语言　　B. 低级语言、中级语言和高级语言

C. 机器语言、汇编语言和高级语言　　D. 流程图、伪代码和高级语言

4. 下列不合法的字符变量是(　　)。

A. '\b'　　B. '\t'　　C. 'c'　　D. "c"

5. 下列不属于 C 语言数据类型的是(　　)。

A. 字符串型　　B. 字符型　　C. 构造类型　　D. 双精度浮点型

6. 若有定义 int a=2; char t;,则 t+2*a 的结果类型为(　　)。

A. 字符型　　B. 整型　　C. 字符串型　　D. 双精度浮点型

7. 若有定义 int x=3; double y=9.1;,下列表达式中错误的是(　　)。

A. (int)(y/x)　　B. (int)y/x　　C. (int)(y%x)　　D. (int)y%x

8. 若有定义 int x=2,y=6;,则 y=(x++)+(++y) 执行后,x 和 y 的值分别是(　　)。

A. 2 和 8　　B. 3 和 9　　C. 2 和 9　　D. 3 和 10

9. 若有定义 int x=3,y=4,z=5;,下列表达式中不为 0 的是(　　)。

A. !(z/x)　　B. (x*y)&&(x/z)

C. z%y||x－z　　　　D. x＋y＞y＋z

10. 从键盘输入一个字符到变量 c，正确的执行语句为(　　)。

A. putchar(c);　　　　B. getchar(c);

C. scanf("%d",c);　　　　D. c=getchar();

11. 有以下程序：

```
#include <stdio.h>
int main(void)
{
   int k=3;
   switch(k++)
   {
      default: printf("%d",++k+2);break;
      case 3: printf("%d",k++);
      case 4: printf("%d",k*2);break;
   }
   return 0;
}
```

其运行结果为(　　)。

A. 4 10　　B. 5 12　　C. 6　　D. 4

12. 有以下程序段：

```
int k=7;
while(k>=7)
  k--;
```

其循环执行次数为(　　)。

A. 0　　B. 1　　C. 2　　D. 无穷多

13. 以下程序段运行后输出 a 值为(　　)。

```
int k=3,a=2;
while(k<6)
{
  if(a/2<4)
   {
     k++;
     a+=3;
   }
}
printf("%d %d",a,k);
```

A. 5　　　　B. 8

C. 11　　　　D. 死循环,无法打印

14. 以下程序的输出结果是(　　)。

```
#include <stdio.h>
int main(void)
{
  int a[3][3]={1,2,3,4,5,6,7,8,9},k1,k2;
  for(k1=0;k1<3;k1++)
    a[k1][k1]*=3;
  for(k2=1;k2<3;k2++)
    a[2][k2]+=2;
  for(k1=0;k1<3;k1++)
  {
    for(k2=0;k2<3;k2++)
    {
      printf("%3d",a[k1][k2]);
    }
    printf("\n");
  }
  return 0;
}
```

A. 3 2 3
4 15 6
7 10 29

B. 3 2 3
4 15 6
6 9 28

C. 3 2 3
4 15 6
5 14 27

D. 2 2 3
4 10 6
7 10 20

15. 定义 b[6]={6,5,4,3,2,1}，*p=&b[3]，不能表示 b[0]地址的是(　　)。

A. p-3　　B. b　　C. &b　　D. &b[0]

16. 以下程序段的输出结果为(　　)。

```
#include <stdio.h>
int fun(int a,int b)
{
  int c;
  c=(a<b? (a*b):(a-b));
  return c;
}
int main(void)
{
  int x=3,y=5;
  y=fun(y,x);
  printf("%d %d",y,x);
  return 0;
}
```

A. 3 3　　B. 2 3　　C. 2 4　　D. 3 4

17. 定义 int x=3,*p1=&x; double y=8.7,*p2=&y;,则下列式子中正确的是(　　)。

A. y=*p1+*p2;　　B. *y=p2;　　C. p2=&x;　　D. p1=*(y+2);

18. 如下程序段结果为(　　)。

```
#include <stdio.h>
#define M 6
#define N M+3
#define P N*M
int main(void)
{
  printf("%d",P*2);
  return 0;
}
```

A. 36　　B. 42　　C. 48　　D. 108

19. 若已经定义:

```
struct student{
  int age;
  char name[20];
}s1,s2;
```

下列语句中错误的是(　　)。

A. s1.age+=s2.age;

B. strcpy(s1.name,s2.name);

C. s1.name=s2.name;

D. s1=s2;

20. 执行如下代码段:

```
#include <stdio.h>
int main(void)
{
  FILE *fp;
  int a=5,b=6;
  fp=fopen("file1.dat","w");
  fprintf(fp,"%d",a);
  fclose(fp);
  fp=fopen("file1.dat","w");
  fprintf(fp,"%d",b);
  fclose(fp);
  return 0;
}
```

则文件 file1. dat 中的内容为(　　)。

A. 56　　B. 5　　C. 6　　D. 5 6

二、改错题(共 2 小题,每题 10 分)

注意:修改每对/**/之间的语句。

1. 修改下边的程序,其中函数 fun(int a[],int length,int b)功能是将数组 a 中每个元素加 b。

```
#include <stdio.h>
void fun_time(int a[],int length,int b)
{
  int i;
  for(i=0;/**/ i>length /**/; i++)
    /**/a[i] *=b;/**/
}
int main()
{
  int num[10]={13,5,6,8,0,-4,3,9,-14,15};
  int i,k;
  printf("Input a new number:");
  scanf("%d",&k);
  fun_time(/**/ num[1] /**/,10,k);
  printf("Now array a is:");
  for(i=0;i<10;i++)
    printf("%4d",num[i]);
  printf("\n");
  getch();
  return 0;
}
```

2. 函数 fun(char * t)将指针 t 指向的字符串中奇数位置的小写字符转为大写字符,这里我们认为首位为奇数位。

```
#include <stdio.h>
void fun(char * t)
{
  int i;
  for(i=0;t[i]!='\0';i++)
  {
    if((/**/ t[i]>='A' /**/ && t[i]<='z') && /**/ i%2 /**/)
    /**/ t[i]=t[i]+32;/**/
  }
```

```
}
int main()
{
   char s[100];
   printf("Enter string:");
   gets(s);
   fun(s);
   printf("\nNow string is:");
   puts(s);
   return 0;
}
```

三、程序填空(共 2 小题,每题 10 分)

1. 补充以下程序,找到所有各位数之和等于 20 的三位数。

```
#include <stdio.h>
#include <conio.h>
int main()
{
   int i,a1,a2,a3;
   for(________; i<1000; i++)
   {
      a1=i/100;
      a2=(i/10) % 10;
      ________
      if(a1+a2+a3==20)
         printf("%5d",________);
   }
   getch();
   return 0;
}
```

2. 补充以下程序,统计输入整数中小于-5、大于 2 和末位数为 3 的数字个数。

```
#include <stdio.h>
#include<math.h>
int main()
{
   int x,na,nb,nc;
   n1=n2=n3=________;
   printf("Input integer number,end with 0:\n");
   scanf("%d",&x);
```

```
    while(x)
    {
      if(x<-5)
        ________;
      if(x>2)
        ++n2;
      if(abs(x%10)==________)
        ++n3;
      scanf("%d",&x);
    }
    printf("n1=%d  n2=%d  n3=%d\n",n1,n2,n3);
    return 0;
}
```

四、编程题(共 2 小题,每题 10 分)

注意:在每对/**/之间编写程序,以完成题目的要求。

1. 完成函数 fun,实现代数式:

$$fun(x)=\frac{|e^{2x}-\log10x|*2}{\sin x-\cos x+5}。$$

```
#include <stdio.h>
#include <math.h>
#include <conio.h>
double fun(double x)
{
  /**/
  /**/
}
int main()
{
  double x;
  printf("Pleae input x:");
  scanf("%lf",&x);
  printf("\nfun(%6.3lf)=%6.3lf\n",x,fun(x));
  getch();
  return 0;
}
```

2. 编写程序,实现如下功能:遍历矩阵,返回矩阵中的最小元素。

```
#include <stdio.h>
#define RW 3
```

```
#define CL 4
int fun(int a[][CL])
{
  /**/
  /**/
}
int main()
{
  int arr [RW][CL]={{18,21,78,5},{11,16,43,25},{28,21,14,15}};
  int i,j;
  printf("Original array is:\n");
  for(i=0; i<RW; i++)
    for(j=0;j<CL;j++)
      printf("%6d",arr[i][j]);
  printf("\n");
  printf("\nThe minimum number is:%6d",fun(arr));
  getch();
  return 0;
}
```

模拟试卷二

一、选择题(共 20 题,每题 2 分)

1. 下列叙述中正确的是(　　)。

A. 一个 C 语言程序可以有多个 main()函数

B. 语句是构成 C 语言源程序的基本单位

C. C 语言程序总是从第一个定义的函数开始执行

D. C 语言程序中的 main()函数必须放在程序的开始部分

2. 下列关于 C 语言程序的叙述中错误的是(　　)。

A. 一行可以书写多个语句

B. 注释部分在程序编译和运行时不起作用

C. C 语言的函数体由一对圆括号“()”括起来的

D. 注释内容可以跟在语句后面,也可以单独占一行

3. 以下(　　)是正确的 C 语言标识符。

A. _sum　　B. 6abc　　C. stu－1　　D. char

4. 以下(　　)为合法的常量。

A. 'Book'　　B. '\\'　　C. 5E3.6　　D. E5

5. 若已定义:int a＝7,b,c;,语句 c＝(a/＝2,b＝a＋＋);执行后,变量 a、b、c 的值依次为(　　)。

A. 3,3,4　　B. 4,5,6

C. 5,4,4　　D. 4,3,3

6. 若已定义:int x; float y;,所用的 scanf 调用语句格式为:scanf("x＝%d,y＝%f",&x,&y);,则为了将数据 6 和 12.6 分别赋给 x 和 y,正确的输入应是(　　)。

A. 6,12.6＜回车＞　　B. 6 12.6＜回车＞

C. x＝6,y＝12.6＜回车＞　　D. x＝6 y＝12.6＜回车＞

7. 以下程序的运行结果是(　　)。

```
#include <stdio.h>
int main()
{
  int a=4,b=3,c=5;
  if(c=a+b)
    printf("ok\n");
  else
    printf("%d\n",c);
  return 0;
```

```
}
```

A. ok　　B. 5　　C. 7　　D. 1

8. 以下程序的运行结果是(　　)。

```
#include <stdio.h>
int main()
{
  int n=1;
  switch(n--)
  {
    case 1: printf("A");
    case 2: printf("B");break;
    default: printf("*");
  }
  return 0;
}
```

A. *　　B. AB*　　C. AB　　D. A

9. 以下程序段运行后,语句 k++;执行的次数是(　　)。

```
int i,j,k=0;
for(i=1;i<=4;i++)
{
  for(j=1;j<=10;j++)
  {
    if(j%3==0)
      break;
    k++;
  }
}
```

A. 3　　B. 40　　C. 12　　D. 8

10. 以下能正确定义数组并正确赋初值的语句是(　　)。

A. int n=3,a[n][n];　　B. int a[2][3]={{1,2},{3},{0}};

C int a[3][]={{1,2},{3,4},{5,6}}　　D. int a[][3]={1,2,3,4,5,6,7,8,9};

11. 在定义 int a[4][5];之后,对 a 的引用正确的是(　　)。

A. a[4][5]　　B. a[3,3]　　C. a[2][5-2]　　D. a(2,3)

12. 以下程序段执行后,sum 的值是(　　)。

```
int a[3][3],sum=0,i,j;
for(i=0;i<3;i++)
  for(j=0;j<3;j++)
    a[i][j]=i+j;
```

```
for(i=0;i<3;i++)
  for(j=0;j<=i;j++)
    sum+=a[i][j];
printf("%d",sum);
```

A. 6　　B. 12　　C. 18　　D. 15

13. 关于函数,下列叙述中正确的是(　　)。

A. 函数的定义和调用都允许嵌套

B. 定义函数时可以有参数,也可以没有参数

C. 当函数调用时,实参和形参共用存储单元

D. 函数返回值的类型是由调用该函数时的主调函数类型所决定的

14. 以下程序段的运行结果是(　　)。

```
#include<stdio.h>
void add()
{
  static int x=0;
  int y=0;
  x++;
  y=y+2;
  printf("%d",x+y);
}
int main()
{
  int i;
  for(i=0;i<3;i++)
    add();
  return 0;
}
```

A. 3 3 3　　B. 2 3 4　　C. 3 4 5　　D. 4 4 5

15. 若有以下定义和语句,则对数组元素的错误引用是(　　)。

```
int a[5]={2,4,6,8,10}, *p;
p=a;
```

A. *(&a[3])　　B. p+2　　C. *(a+2)　　D. a[p-a]

16. 以下程序的运行结果是(　　)。

```
#include <stdio.h>
void fun(int x,int y,int *cp)
{
  y=x+y;
  *cp=x-y;
```

```
}
int main()
{
  int a,b,c;
  a=5; b=2; c=3;
  fun(a,b,&c);
  printf("a=%d,b=%d,c=%d\n",a,b,c);
  return 0;
}
```

A. a=5,b=2,c=-2
B. a=5,b=7,c=3
C. a=5,b=2,c=3
D. a=5,b=7,c=-2

17. 以下程序的运行结果是(　　)。

```
#include <stdio.h>
#define K 3
#define M K+5
int main()
{
  printf("%d\n",K * M);
  return 0;
}
```

A. 24　　B. 14　　C. 9　　D. 8

18. 下列叙述中正确的是(　　)。

A. 共用体变量在程序执行期间,所有成员一直驻留在内存中

B. 一个结构变量占用的内存容量是各成员所需的内存容量之和

C. 一个共用体变量占用的内存容量是各成员所需的内存容量之和

D. 一个结构体变量占用的内存容量是其中占内存容量最大的成员所需内存容量

19. 若已定义:

```
struct student
{
  int num;
  char name[10];
}stu, *p=&stu;
```

下列语句中正确的是(　　)。

A. student.num=1001;
B. *p.num=1001;
C. p->num=1001;
D. stu.name="Mike";

20. 若已定义:FILE *fp;若要打开 c 盘的 file 文件夹下的二进制文件 book.dat,该文件只允许读,则以下语句中正确的是(　　)。

A. fp=fopen("c:\\file\\book.dat","rb");

B. fp=fopen("c:\file\book.dat","rb");

C. fp=fopen("c:\\file\\book.dat","r");

D. fp=fopen("c:\file\book.dat","rw");

二、改错题(共2题,每题10分)

注意:修改每对/**/之间部分。

1. 修改程序Cprog21.C,实现如下图形的输出。

```
1
1  1
1  2  1
1  3  3  1
1  4  6  4  1
1  5  10 10 5  1
```

```
#include <stdio.h>
#include <conio.h>
#define N 6
int main()
{
    int /**/ a[N,N] /**/;
    int i,j;
    for(i=0;i<N;i++)
    {
        for(j=0;j<=i;j++)
        {
            if(/**/j<i/**/)
                a[i][j]=1;
            else
                a[i][j]=/**/ i+j /**/;
            printf("%3d",a[i][j]);
        }
        printf("\n");
    }
    getch();
    return 0;
}
```

2. 修改程序Cprog22.C,输出[10,99]区间内满足“个位数除3余2且个位数与十位数之和等于8”的所有整数的和。

```
#include <stdio.h>
#include <conio.h>
int main()
{
   int i,gw,sw;
   /**/ int sum /**/;
   for(i=10;i<100;i++)
   {
      gw=i%10;
      /**/   sw=i/100 /**/;
      if(/**/(gw%3=2) /**/ &&(gw+sw==8))
         sum+=i;
   }
   printf("sum=%d\n",sum);
   getch();
   return 0;
}
```

三、程序填空(共2题,每题10分)

1. 补充程序 Cprog31. c,使 Bubble()函数用冒泡法对数组 a 中 n 个元素按从大到小排序。

```
#include <stdio.h>
#include <conio.h>
#define N 10
void Bubble(________)
{
   int i,j,temp;
   for(i=0;i<N-1;i++)
   {
      for(j=N-1; ________;j--)
         if(________)
      {
         temp=a[j];
         a[j]=a[j-1];
         a[j-1]=temp;
      }
   }
}
int main()
```

```
{
  int i,a[N]={5,3,9,13,-2,4,6,11,-9,7};
  Bubble(a);
  printf("The sorted numbers:\n");
  for(i=0;i<N;i++)
     printf("%5d",a[i]);
  printf("\n");
  getch();
  return 0;
}
```

2. 补充程序 Cprog32.c,其中函数 fun(int n)计算并返回表达式 $1-\frac{1}{3}+\frac{1}{5}-\frac{1}{7}+\cdots\pm\frac{1}{2n-1}$的值。

如:n=20 时,fun(20)=0.772906。

```
#include <stdio.h>
#include <conio.h>
double fun(int n)
{
  int i,________;
  double sum=0.0;
  for(i=1;i<=n;i++)
  {
     sum+=________;
     sign *=-1;
  }
  return(sum);
}
int main()
{
  int n;
  printf("n=");
  scanf("%d",&n);
  printf("fun(%d)=%lf\n",n,________);
  getch();
  return 0;
}
```

四、编程题(共 2 题,每题 10 分)

注意:在每对/**/之间编写程序,以完成题目的要求。

1. 打开程序 Cprog41.c,完成其中的 double fun(float x)函数,该函数的数学表达式为:

$$fun(x)=\begin{cases} e^x+2x-1, & x<0 \\ 2\mathrm{tg}x+1, & 0\leqslant x<5 \\ |\ln x-x^2|, & x\geqslant 5 \end{cases}$$

```
#include <stdio.h>
#include <math.h>
#include <conio.h>
double fun(float x)
{
  /**/
  /**/
}
int main()
{
  float n;
  printf("please input a number:");
  scanf("%f",&n);
  printf("fun(%f)=%lf\n",n,fun(n));
  getch();
  return 0;
}
```

2. 打开程序 Cprog42.c,完成其中的 fun(int a[N][N],float b[N])函数,其功能是计算二维数组 a 中各列元素的平均值,并按列序的先后,将它们依次存储于一维数组 b 中。

```
#include <stdio.h>
#include <conio.h>
#define N 4
void fun(int a[N][N],float b[N])
{
  /**/


  /**/
}
int main()
{
  int a[N][N]={{3,9,4,7},{5,6,2,8},{7,1,-3,6},{8,2,4,-5}},i,j;
  float b[N];
  printf("Array A is:\n");
  for(i=0;i<N;i++)
```

```
    {
      for(j=0;j<N;j++)
        printf("%4d",a[i][j]);
      printf("\n");
    }
    fun(a,b);
    printf("Array B is:\n");
    for(i=0;i<N;i++) printf("%.2f",b[i]);
    printf("\n");
    getch();
    return 0;
}
```

模拟试卷三

一、选择题(共 20 题,每题 2 分)

1. 下列叙述错误的是(　　)。

A. C 语言是一种支持结构化程序设计的语言

B. 算法的概念与程序的概念相同

C. 结构化程序设计所选用的控制结构只准许一个入口和一个出口

D. 描述一个算法常见的三种方式是自然语言、流程图和伪代码

2. 下列叙述错误的是(　　)。

A. 一个 C 语言源程序可由一个或多个函数组成

B. 一条语句可分多行书写

C. C 语言源程序必须包含一个且只能有一个 main()函数

D. 多条语句不能书写在同一行

3. 以下(　　)是正确的 C 语言标识符。

A. _avg　　B. abc? t　　C. 1qw　　D. goto

4. C 语言的下列运算符中,优先级最高的运算符是(　　)。

A. !=　　B. +=　　C. ||　　D. ++

5. 下列不合法的实型常量是(　　)。

A. 2.3L　　B. .345　　C. 10e4.3　　D. 3.14e2

6. 要使以下程序运行后的输出结果为:234+456=690,正确的输入为(　　)。

```
#include <stdio.h>
int main()
{
  int x,y;
  char ch;
  scanf("%d%c%d",&x,&ch,&y);
  printf("%d%c%d=%d\n",x,ch,y,x+y);
}
```

A. 234=+456　　B. 234+456　　C. 45+=234　　D. 234 456

7. 以下程序段运行后,c 的值是(　　)。

```
int a=3,b=5,c;
c=(a∧b)<<3;
```

A. 48　　B. 15　　C. 12　　D. 1

8. 以下程序的运行结果是(　　)。

```
#include<stdio.h>
```

```
#include <conio.h>
int main()
{
  int a=0,b=2;
  switch(a)
  {
    case 0:
      a++;
      b++;
    case 1:
      a+=1;
      b+=2;break;
    case 3:
      a+=2;
      b+=3;
  }
  printf("%d,%d\n",a,b);
  getch();
  return 0;
}
```

A. 1,2　　B. 2,3　　C. 2,4;　　D. 2,5

9. 以下程序段运行后,i 的值为(　　)。

```
int i=3;
while(i<8)
{
  if(i==4)
    break;
  i=i+2;
}
```

A. 3　　B. 5　　C. 12　　D. 11

10. 若已定义:int a[10];,对数组 a 中元素引用正确的是(　　)。

A. a[10-7]　　B. a[9+1]　　C. a[5-6]　　D. a(1)

11. 若已定义:int a[]={10,20,30,40,50};可用表达式(　　)表示数组 a 的元素个数。

A. sizeof(a[])　　B. sizeof(int)/sizeof(a)

C. sizeof(a)/int　　D. sizeof(a)/sizeof(int)

12. 以下程序运行后的输出结果是(　　)。

```
#include<stdio.h>
int main()
```

```
{
  char str[]="Hello Adapter",
  printf("%s",str+8);
  return 0;
}
```

A. Hello Adapter　　B. apter

C. Hello　　D. dapter

13. 下列叙述错误的是(　　)。

A. 实参可以是常量、变量或者表达式

B. 形参可以是常量或表达式

C. 函数不允许嵌套定义，但函数可以嵌套调用

D. 不同函数中的局部变量可以重名

14. 以下程序的运行结果是(　　)。

```
#include<stdio.h>
void fun()
{
  static int x=2;
  int y=0;
  x++;y+=3;
  printf("%d,%d \n",x,y);
}
int main()
{
  fun();
  fun();
  return 0;
}
```

A. 2,3
4,3　　B. 3,3
2,6　　C. 2,3
3,3　　D. 3,3
4,3

15. 以下程序的运行结果是(　　)。

```
#include<stdio.h>
int main()
{
  int a=8,b=5,*p,*q;
  p=&a;q=&b;
  printf("%d",a+b);
  printf("%d",*p-*q);
  return 0;
```

```
}
```

A. 313　　B. 1313　　C. 33　　D. 133

16. 以下程序段的运行结果是(　　)。

```
int a[5]={5,4,3,2,1}, * p;
p=a;
printf("%d", * (p+2));
printf("%d\n", * (p++));
```

A. 2 5　　B. 2 4　　C. 3 5　　D. 2 3

17. 以下程序的运行结果是(　　)。

```
#include<stdio.h>
#define K 4
#define M K-2
int main()
{
  printf("%d\n",3 * M);
  return 0;
}
```

A. 5　　B. 13　　C. 15　　D. 10

18. 下列叙述正确的是(　　)。

A. 结构类型不允许嵌套定义

B. 结构变量所占存储空间以其中占最大存储空间的成员为准

C. 结构变量必须先定义后使用

D. 联合变量的长度等于其成员长度之和

19. 若已定义:

```
struct student
{
  char name[15];
  int age;
}stu[3]={{"yang ying",20},{"wangqin",18},{"Liu li",19}};
struct student * p=stu;
```

能正确获取值"wangqin"的是(　　)。

A. * p[1].name　　B. * p(1)->name　　C. p[1].name　　D. p->name[1]

20. 以下程序的运行结果是(　　)。

```
#include<stdio.h>
#include<conio.h>
int main()
{
  FILE *fp;
```

```
    fp=fopen("quiz.txt","w");
    if(fp!=NULL)
    {
      fprintf(fp,"%s\n","beijing!");
      fclose(fp);
      printf("ok!");
    }
    getch();
    return 0;
}
```

A. 程序运行后，当前工作目录下存在 quiz.txt 文件，其中的内容是"ok!"

B. 程序运行后，当前工作目录下存在 quiz.txt 文件，其中的内容是"beijing!"

C. 程序运行之前，当前工作目录下一定不存在 quiz.txt 文件

D. 程序运行之前，当前工作目录下一定存在 quiz.txt 文件

二、改错题(共 2 题，每题 10 分)

注意：修改每对/**/之间的语句。

1. 输出 100～200 之间所有能被 3 和 7 同时整除的整数，并统计其个数。

```
#include <stdio.h>
int main()
{
    int i,counter=/**/ 1 /**/;
    for(i=100;i<=200;i++)
      if(/**/(i%3)&&(i%7) /**/)
      {
        printf("%-5d",i);
        counter++;
      }
    printf("\ncounter=%d\n",counter);
    getch();
    return 0;
}
```

2. 输入整数 n(0<n<21)，输出数列前 n 项及其和，递推公式如下：

$$f(n)=\begin{cases}1 & (n=1,2)\\ 3f(n-1)-f(n-2) & (n\geqslant 3)\end{cases}$$

例如，输入：6

输出：1 1 2 5 13 14

sum=56

```
#include <stdio.h>
```

```
#include<conio.h>
#define N 20
void f(int n)
{
  int k;
  long f[N],sum;
  /**/ sum=2 /**/;
  f[0]=f[1]=1;
  for(/**/ k=0 /**/; k<n;k++)
    f[k]=3*f[k-1]-f[k-2];
  for(k=0; k<n;k++)
    sum+=f[k];
  for(k=0;k<n;k++)
    printf("%d",f[k]);
  printf("\nsum=%ld\n",sum);
}
int main()
{
  int n;
  do
  {
    printf("Enter n [1,20]:");
    scanf("%d",&n);
  } while(n<1||n>20);
  f(n);
  getch();
  return 0;
}
```

三、程序填空(共 2 题,每题 10 分)

1. 函数 calculating(int n)计算并返回表达式 $1-\frac{1}{2}+\frac{1}{3}-\frac{1}{4}+\cdots\pm\frac{1}{n}(1\leqslant n\leqslant 1000)$。

输入:100

输出:Calculating(100)=0. 688172

将程序填写完整。

```
#include <stdio.h>
int main()
{
  float x;
```

```
    int n;
    double Calculating(int);
    printf("Please input n(n>=1 and n<=1000):");
    scanf("%d",&n);
    printf("Calculating(%d)=%lf\n",n,________);
    getch();
    return 0;
}
double Calculating(int n)
{
    int i,sign=1;
    double r=0.0;
    if(n>=1&&n<=1000)
      for(i=1;i<=n;i++)
      {
        r+=sign*(1.0/i);
        ________;
      }
    return ________;
}
```

2. 函数 MultiPrt(int n)的功能是根据输入 n 值(0<n<10),输出 1~n 的乘法表。例如,n=3 得到:

```
1*1=1
2*1=2   2*2=4
3*1=3   3*2=6   3*3=9
```

请将程序补充完整。

```
#include<stdio.h>
#include<conio.h>
void MultiPrt(int n)
{
    int i,j;
    for(________; i<=n; i++)
    {
      for(j=1; j<=________; j++)
        printf("%d*%d=%d\t",i,j,________);
      printf("\n");
    }
}
```

```
int main()
{
  int n;
  do
  {
    printf("Please input n(0<n<10):");
    scanf("%d",&n);
  }while(n<=0||n>9);
  MultiPrt(n);
  getch();
  return 0;
}
```

四、编程题(共2题,每题10分)

注意:在每对/**/之间编写程序,以完成题目的要求。

1. 完成函数 double fun(float x),其功能是

$$fun(x)=\frac{\sqrt{0.26x^2+x+3.08}}{0.263}$$

如,fun(-3.750)=6.570635。

```
#include <stdio.h>
#include <conio.h>
#include <math.h>
double fun(float x)
{
  /**/
  /**/
}
int main()
{
  float x;
  printf("Input x :");
  scanf("%f",&x);
  printf("\nfun(%.3f)=%lf\n",x,fun(x));
  getch();
  return 0;
}
```

2. 完成函数 void headinsert(char s1[],char s2[]),功能为把字符串 s2 插入串 s1 最前边,且不能用 strcpy()和 strcat()函数。

例如,s1="abcd",s2="lmn",执行函数后 s1="lmnabcd".

```
#include <stdio.h>
#include <conio.h>
void headInsert(char s1[],char s2[])
{
  /**/
  /**/
}
int main()
{
  char str1[64]="abcd",str2[64]="lmn";
  headInsert(str1,str2);
  printf("str1:%s\n",str1);
  getch();
  return 0;
}
```

第四部分 课程设计

学生成绩管理系统

一、问题描述

随着学生人数和选修课程门数的增加,学生成绩信息管理如果按照传统的纸质方式管理,工作量大而且繁琐。同时,存在容易出现错误,不便于统计分析等麻烦,所以,需要有一个学生成绩管理系统进行统筹管理。经过对该问题的仔细分析和总结归纳,该问题的主要需求包含以下几个要点:

1. 学生成绩信息:包括学号、姓名、性别和三门课程成绩。

2. 主要功能要求:

(1)根据提供的用户名和密码登录系统。

(2)能输入学生基本信息,包括学生的学号、姓名、性别和三门课程成绩。

(3)能显示之前录入的学生的基本信息。

(4)能插入学生的基本信息。

(5)能按学号完成对学生成绩的修改、排序、删除和查找。

(6)能读取文件中的学生信息。

(7)能输出学生的成绩单并保存到文件中。

二、问题分析

本问题的功能要求较多,在充分理解的基础之上进行分析设计,得到如下几个解决该问题的要点:

1. 采用模块化设计方式把每个小功能写到各自的函数中,从 main 函数统一调用,如图 4-1 所示。

2. main 函数包含的内容有用户的登录和主界面的显示。其中用户登录有三次机会,若连续输入三次错误的用户名和密码,程序将退出。

3. 主界面包括上述几个功能操作的菜单选项,改菜单选项的实现可以通过 switch 结

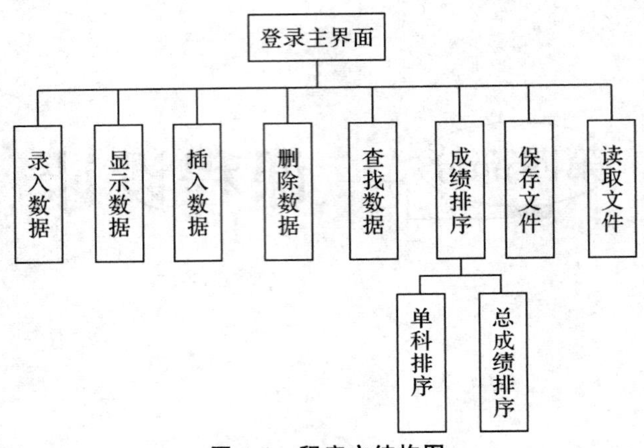

图 4-1　程序主结构图

构,用户选择相应的数字选项,主函数会调用相应的函数。例如:选择录入数据,将调用 input 函数(实现的是输入数据的功能),以此类推,逐个实现各项功能。

4. 登录模块流程图如图 4-2 所示。其他功能对应的函数如程序所示。

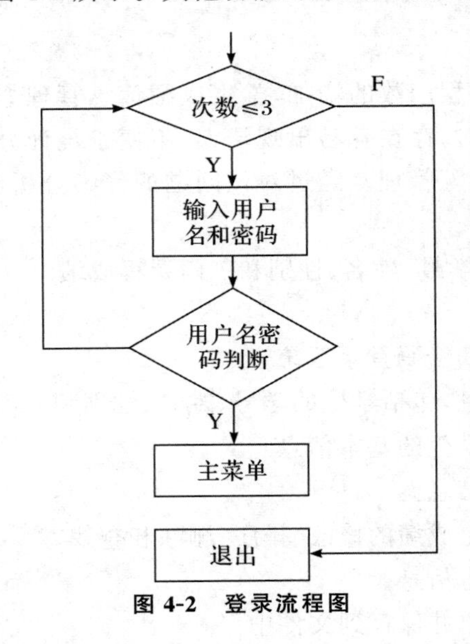

图 4-2　登录流程图

5. 学生成绩包含学号、姓名、性别和三门课程成绩等多个信息项,需要通过定义一个用于存储学生成绩信息的结构体,然后将多个学生的数据存储在该结构体类型的数组中。所有的录入、插入、修改和删除等操作都针对此数组进行。数组最多可存 MAX 个学生。

6. 学生成绩需要有查询和编辑功能,所以需要以文件形式长期保存。即需要将结构体数组信息以文件形式存储,需要调用文件操作的相关函数。

```
struct student                    //定义学生信息
{
  int no;                         //学号
```

```
    char name[20];                  //姓名
    char sex[4];                    //性别
    float score1;                   //成绩 1
    float score2;                   //成绩 2
    float score3;                   //成绩 3
    float sort;                     //排序成绩
    float ave;                      //平均分
    float sum;                      //总分
};
```

三、编码实现

```
//学生成绩管理系统
//用户名:test   密码:test

#include<stdio.h>
#include<conio.h>
#include<stdlib.h>
#include<string.h>
#define MAX 1000
void menu();                        /* 显示目录 */
void input();                       /* 输入数据函数 */
void sort();                        /* 排序数据函数 */
void display();                     /* 显示数据函数 */
void display1();                    /* 显示各科成绩函数 */
void insert();                      /* 插入数据函数 */
void del();                         /* 删除数据函数 */
void average();                     /* 平均值函数 */
void find();                        /* 查找数据函数 */
void save();                        /* 保存数据函数 */
void read();                        /* 读出数据函数 */
void del_file();                    /* 删除文件函数 */
void modify();                      /* 修改文件函数 */
int now_no=0;                       /* 人数 */
struct student                      //定义学生信息
{
    int no;                         //学号
    char name[20];                  //姓名
    char sex[4];                    //性别
    float score1;                   //成绩 1
```

```
    float score2;                   //成绩 2
    float score3;                   //成绩 3
    float sort;                     //排序成绩
    float ave;                      //平均分
    float sum;                      //总分
};
int main()
{
    int h,flag1,flag2;
    char name[20]="test",password[10]="test";
    char person[20],password1[10];
    printf ("\t\t   ********   欢迎进入学生成绩管理系统! ********\n\n");
    printf ("\t\t\t               用 户 登 录\n\n");
    for(h=0;h! =3;)
    {
        printf("\t\t\t\t           用户名:");
        gets(person);
        flag1=strcmp(person,name);
        printf("\t\t\t\t           密码:");
        gets(password1);
        flag2=strcmp(password,password1);
        if(flag1==0 && flag2==0)
        {
            printf("\t\t\t\t          登录成功! \n\n");
            menu();
            break;
        }
        else
        {
            printf ("\t\t\t            用户名或密码错误! \n\n");
            printf ("\t\t\t            请注意:您还剩%d 次机会! \n\n",4-h);
            h++;
        }
    }
    if (h=3)
        printf ("对不起,您输入的用户名或密码有误,已被强制退出。\n");
    return 0;
}
```

```
struct student stu[MAX], * p;
void menu()                    /* 主函数 */
{
  int as;
  char ch;
  do
  {
    printf("\n\n\n\n\t\t****&****&****&****&****&****&**
    **&****&****&****");
    start: printf("\n\n\n\n\t\t\t    欢迎使用学生成绩管理系统\n");
    printf("\n\n\n\n\t\t******************按任意键继续**********
    **********");
    ch=getch();
  } while(! ch);
  system("cls");
                              /* 以下为功能选择模块 */
  do
  {
    printf("\n\t\t\t\t1. 录入学生信息\n\t\t\t\t2. 显示学生总成绩信息\n\t\t\t\
t3. 对总成绩排序\n\t\t\t\t4. 显示学生单科成绩排序\n\t\t\t\t5. 添加学生信息\n\t\t\t\
t6. 删除学生信息\n\t\t\t\t7. 修改学生信息\n\t\t\t\t8. 查询学生信息\n\t\t\t\t9. 从文
件读入学生信息\n\t\t\t\t10. 删除文件中的学生信息\n\t\t\t\t11. 保存学生信息\n\t\t\t
\t12. 退出\n");
    printf("\t\t\t\t选择功能选项(输入所选功能前的数字):");
    fflush(stdin);/* 可用可不用,用于清除缓存防止下次用 scanf 输入时出现错误 */
    scanf("%d",&as);
    switch(as)
    {
      case 1:system("cls");
        input();
        break;
      case 2:system("cls");
        display();
        break;
      case 3:system("cls");
        sort();
        break;
      case 4:system("cls");
```

```
            display1();
            break;
          case 5:system("cls");
            insert();
            break;
          case 6:system("cls");
            del();
            break;
          case 7:system("cls");
            modify();
            break;
          case 8:system("cls");
            find();
            break;
          case 9:system("cls");
            read();
            break;
          case 10:system("cls");
            del_file();
            break;
          case 11:system("cls");
            save();
            break;
          case 12:system("exit");
            exit(0);
          default:system("cls");
            goto start;
        }
    }while(1);                    /* while(1),1 表示真,所以表示永远循环下去 */
  while(1)                        /* 至此功能选择模块结束 */
  }

  void input()                    /* 学生信息录入模块 */
  {
    int i=0;
    char ch;
    do
    {
```

```
        printf("\t\t\t\t1. 录入学生信息\n 输入第%d 个学生的信息\n",i+1);
        printf("\n 输入 8 位的学生学号:");
        scanf("%u",&stu[i]. no);
        fflush(stdin);
        printf("\n 输入学生姓名:");
        fflush(stdin);
        gets(stu[i]. name);
        printf("\n 输入学生性别:");
        fflush(stdin);
        gets(stu[i]. sex);
        printf("\n 输入学生成绩 1:");
        scanf("%f",&stu[i]. score1);
        printf("\n 输入学生成绩 2:");
        fflush(stdin);
        scanf("%f",&stu[i]. score2);
        printf("\n 输入学生成绩 3:");
        fflush(stdin);
        scanf("%f",&stu[i]. score3);
        printf("\n\n");
        i++;
        now_no=i;
        printf("是否继续输入?(Y/N)");
        fflush(stdin);
        ch=getch();
        system("cls");
    } while(ch! ='n'&&ch! ='N');
    system("cls");
}
void sort()                          /* 排序数据函数 */
{
    struct student temp;
    int i,j;
    average();
    for(i=1;i<now_no;i++)
    {
        for(j=1;j<=now_no-i;j++)
        {
            if(stu[j-1]. ave<stu[j]. ave)
```

```
          {
            temp=stu[j];
            stu[j]=stu[j-1];
            stu[j-1]=temp;
          }
      }
    }
    printf("排序已完成进入功能 2 可进行显示\n");
    system("pause");
    system("cls");
}
void sort1()                    /* 排序数据函数 */
{
    struct student temp;
    int i,j;
    for(i=1;i<now_no;i++)
    {
      for(j=1;j<=now_no-i;j++)
      {
        if(stu[j-1].score1<stu[j].score1)
        {
          temp=stu[j];
          stu[j]=stu[j-1];
          stu[j-1]=temp;
        }
      }
    }
}
void sort2()                    /* 排序数据函数 */
{
    struct student temp;
    int i,j;
    for(i=1;i<now_no;i++)
    {
      for(j=1;j<=now_no-i;j++)
      {
        if(stu[j-1].score2<stu[j].score2)
        {
```

```
                temp=stu[j];
                stu[j]=stu[j-1];
                stu[j-1]=temp;
            }
        }
    }
}
void sort3()                        /* 排序数据函数 */
{
    struct student temp;
    int i,j;
    for(i=1;i<now_no;i++)
    {
        for(j=1;j<=now_no-i;j++)
        {
            if(stu[j-1].score3<stu[j].score3)
            {
                temp=stu[j];
                stu[j]=stu[j-1];
                stu[j-1]=temp;
            }
        }
    }
}
void display()                      /* 显示数据函数 */
{
    int i;
    char as;
    average();
    do
    {
        printf("\t\t\t 班级学生信息列表\n");
        printf("\t 学号\t 姓名\t 性别\t 成绩 1\t 成绩 2\t 成绩 3\t 平均值\n");
        for(i=0;i<now_no&&stu[i].name[0];i++)
        printf("\t%u%s\t%s\t%.2f\t%.2f\t%.2f\t%.2f\n",stu[i].no,stu[i].name,
        stu[i].sex,stu[i].score1,stu[i].score2,stu[i].score3,stu[i].ave);
        printf("\t\t\t 按任意键返回主菜单");
        fflush(stdin);
```

```
      as=getch();
    }
    while(! as);
    system("cls");
}
void display1()                /* 显示数据函数 */
{
    int i;
    char as;
    do
    {
      printf("\t\t\t 班级学生 score1 成绩排序\n");
      printf("\t 学号\t 姓名\t 性别\t 成绩 1\n");
      sort1();
      for(i=0;i<now_no&&stu[i].name[0];i++)
      printf("\t%u%s\t%s\t%.2f\t\n",stu[i].no,stu[i].name,stu[i].sex,stu[i].
      score1);
      printf("\t\t\t 班级学生 score2 成绩排序\n");
      printf("\t 学号\t 姓名\t 性别\t 成绩 2\n");
      sort2();
      for(i=0;i<now_no&&stu[i].name[0];i++)
        printf("\t%u%s\t%s\t%.2f\t\n",stu[i].no,stu[i].name,stu[i].sex,stu[i].
        score2);
      printf("\t\t\t 班级学生 score3 成绩排序\n");
      printf("\t 学号\t 姓名\t 性别\t 成绩 3\n");
      sort3();
      for(i=0;i<now_no&&stu[i].name[0];i++)
        printf("\t%u%s\t%s\t%.2f\t\n",stu[i].no,stu[i].name,stu[i].sex,stu[i].
        score3);
      printf("\t\t\t 按任意键返回主菜单");
      fflush(stdin);
      as=getch();
    }
    while(! as);
    system("cls");
}

void insert()                  /* 插入数据函数 */
```

```
{
  char ch;
  do
  {
    printf("\n\t\t 输入新插入学生信息\n");
    printf("\n 输入学生学号:");
    scanf("%u",&stu[now_no].no);
    fflush(stdin);
    printf("\n 输入学生姓名:");
    fflush(stdin);
    gets(stu[now_no].name);
    printf("\n 输入学生性别:");
    fflush(stdin);
    gets(stu[now_no].sex);
    printf("\n 输入学生成绩 1:");
    fflush(stdin);
    scanf("%f",&stu[now_no].score1);
    printf("\n 输入学生成绩 2:");
    fflush(stdin);
    scanf("%f",&stu[now_no].score2);
    printf("\n 输入学生成绩 3:");
    fflush(stdin);
    scanf("%f",&stu[now_no].score3);
    printf("\n\n");
    now_no=now_no+1;
    sort();
    printf("是否继续输入?(Y/N)");
    fflush(stdin);
    ch=getch();
    system("cls");
  } while(ch!='n'&&ch!='N');
}
void del()                        /* 删除数据函数 */
{
  unsigned long inum;
  int i;
  printf("输入要删除学生的学号:");
  fflush(stdin);
```

```
    scanf("%u",&inum);
    for(i=0;i<now_no;i++)
    {
      if(stu[i].no==inum)
      {
        if(i==now_no) now_no-=1;
        else
        {
          stu[i]=stu[now_no-1];
          now_no-=1;
        }
        sort();
        break;
      }
    }
    system("cls");
}
void save()                          /* 保存数据函数 */
{
    FILE *fp;
    int i;
    char filepath[20];
    printf("输入要保存的文件路径:");
    fflush(stdin);
    gets(filepath);
    if((fp=fopen(filepath,"w"))==NULL)
    {
      printf("\n 保存失败!");
      exit(0);
    }
    for(i=0;i<now_no;i++)
    {
      stu[i].sum=stu[i].score1+stu[i].score2+stu[i].score3;
      stu[i].ave=stu[i].sum/3;
      fprintf(fp,"\t%u%s\t%s\t%.2f\t%.2f\t%.2f\t%.2f\n",stu[i].no,stu[i].
      name,stu[i].sex,stu[i].score1,stu[i].score2,stu[i].score3,stu[i].ave);
    }
    fclose(fp);
```

```
    printf("学生信息已保存在%s 中！\n",filepath);
    system("pause");
    system("cls");
}
void find()                    /* 查询函数 */
{
    int i;
    char str[20],as;
    do
    {
        printf("输入要查询的学生姓名：");
        fflush(stdin);
        gets(str);
        for(i=0;i<now_no;i++)
        if(! strcmp(stu[i].name,str))
        {
            printf("\t 学号\t\t 姓名\t 性别\t 成绩 1\t 成绩 2\t 成绩 3\t 平均值\n");
            printf("\t%u\t%s\t%s\t%.2f\t%.2f\t%.2f\t%.2f\n",stu[i].no,stu[i]
            .name,stu[i].sex,stu[i].score1,stu[i].score2,stu[i].score3,stu[i].ave);
        }
        printf("\t\t\t 按任意键返回主菜单");
        fflush(stdin);
        as=getch();
    }
    while(! as);
    system("cls");
}

void average()                 /* 求平均数 */
{
    int i;
    for(i=0;i<now_no;i++)
    {
        stu[i].sum=stu[i].score1+stu[i].score2+stu[i].score3;
        stu[i].ave=stu[i].sum/3;
    }
}
void modify()                  /* 修改数据函数 */
```

```
{
  int i;
  char str[20];
  printf("输入要修改的学生姓名:");
  fflush(stdin);
  gets(str);
  for(i=0;i<now_no;i++)
  {
    if(! strcmp(stu[i]. name,str))
    {
      system("cls");
      printf("\n\t\t 输入修改后学生信息\n");
      printf("\n 输入学生学号:");
      fflush(stdin);
      scanf("%u",&stu[i]. no);
      printf("\n 输入学生性别:");
      fflush(stdin);
      gets(stu[i]. sex);
      printf("\n 输入学生成绩 1:");
      fflush(stdin);
      scanf("%f",&stu[i]. score1);
      printf("\n 输入学生成绩 2:");
      fflush(stdin);
      scanf("%f",&stu[i]. score2);
      printf("\n 输入学生成绩 3:");
      fflush(stdin);
      scanf("%f",&stu[i]. score3);
      printf("\n\n");
      sort();
      break;
    }
  }
  system("cls");
}

void read()
{
  FILE *fp;
```

```
    int i;
    char filepath[20];
    printf("输入要读入的文件路径:");
    fflush(stdin);
    gets(filepath);
    if((fp=fopen(filepath,"r"))==NULL)
    {
        printf("找不到%s 文件! \n",filepath);
        system("pause");
        exit(0);
    }
    now_no=0;
    for(i=0;i<MAX&&! feof(fp);i++)
    {
        fscanf(fp,"\t%d\t%s\t%s\t%f\t%f\t%f\t%f\n",&stu[i].no,stu[i].name,
        stu[i].sex,&stu[i].score1,&stu[i].score2,&stu[i].score3,&stu[i].ave);
        now_no++;
    }
    fclose(fp);
    printf("保存的在文件%s 中的所有信息已经读入! \n",filepath);
    system("pause");        /* 按任意键继续 */
    system("cls");
}

void del_file()
{
    FILE *fp;
    char filepath[20];
    printf("输入要删除的文件路径:");
    fflush(stdin);
    gets(filepath);
    fp=fopen(filepath,"w");
    fclose(fp);
    printf("保存的在文件%s 中的所有信息已经删除! \n",filepath);
    system("pause");
    system("cls");
}
```